新世纪普通高等教育
新世纪 基础类课程规划教材

线性代数

XIANXING DAISHU

主　编　姚道洪　赵洪亮

副主编　郭廷花　陈　峰　杨德志
　　　　范　敏　王正杰　吕桂莉

大连理工大学出版社

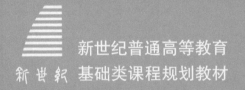

图书在版编目(CIP)数据

线性代数 / 姚道洪，赵洪亮主编. -- 大连 ：大连理工大学出版社，2020.1(2024.8 重印)

新世纪普通高等教育基础类课程规划教材

ISBN 978-7-5685-2461-2

Ⅰ. ①线… Ⅱ. ①姚… ②赵… Ⅲ. ①线性代数－高等学校－教材 Ⅳ. ①O151.2

中国版本图书馆 CIP 数据核字(2020)第 012756 号

大连理工大学出版社出版

地址:大连市软件园路 80 号　邮政编码:116023

发行:0411-84708842　邮购:0411-84708943　传真:0411-84701466

E-mail:dutp@dutp.cn　URL:https://www.dutp.cn

北京虎彩文化传播有限公司印刷　　大连理工大学出版社发行

幅面尺寸:185mm×260mm　印张:9.5　字数:218 千字

2020 年 1 月第 1 版　　2024 年 8 月第 3 次印刷

责任编辑:王晓历　　责任校对:王晓彤

封面设计:对岸书影

ISBN 978-7-5685-2461-2　　定　价:28.80 元

前　　言

线性代数是我国普通高等院校理、工科各类专业开设的一门重要的数学基础课。这门课程有两个基本目的：一是为后续课程提供必需的数学基础；二是培养学生的数学思维能力，以提高其综合素质。随着现代计算机技术的发展，线性代数理论已成为计算机处理离散化问题和数值计算的基础理论，是解决实际问题的重要工具。

本教材是根据教育部高等教育"线性代数"课程的基本要求，结合编者多年教授本课程的经验编写的。本教材的知识引入自然合理，文字叙述通俗易懂，指导论证严密流畅。本教材可供各类需要提高数学素质和能力的人员使用。

本教材采用读者熟悉的实例和知识，用简明的语言、知识和思想方法进行自然的扩展来泛化这些概念，以帮助读者更好地掌握这些概念。本教材共 4 章，具体内容如下：

第 1 章，行列式。主要介绍行列式的概念、性质和计算方法。

第 2 章，矩阵。主要介绍矩阵的概念、矩阵的运算及其性质、逆矩阵、分块矩阵、矩阵的初等变换、矩阵的秩等内容。

第 3 章，线性方程组。主要介绍高斯消元法、向量及向量组的线性相关性、向量组的秩、线性方程组解的结构等内容。

第 4 章，数学实验。主要介绍 MATLAB 软件在线性代数中的应用，重点是求行列式的值、解线性方程组以及求逆矩阵。

为了方便教与学，本教材配有雨课件、微信公众号（可扫描封底二维码关注），为教材知识点的拓展搭建了平台，方便作者与广大读者的交流。

本教材由青岛理工大学姚道洪、赵洪亮任主编；山西金融职业学院郭廷花，青岛理工大学陈峰、杨德志、范敏、王正杰、吕桂莉任副主编。具体编写分工如下：第1章由姚道洪、郭廷花编写，第2章由陈峰、杨德志、范敏编写，第3章由杨德志、王正杰、吕桂莉编写，第4章由杨德志编写。全书由姚道洪、赵洪亮统稿并定稿。

在编写本教材的过程中，编者参考、引用和改编了国内外出版物中的相关资料以及网络资源，在此表示深深的谢意！相关著作权人看到本教材后，请与出版社联系，出版社将按照相关法律的规定支付稿酬。

限于水平，书中仍有疏漏和不妥之处，敬请专家和读者批评指正，以使教材日臻完善。

编　者

2020年1月

所有意见和建议请发往：dutpbk@163.com

欢迎访问高教数字化服务平台：http://hep.dutpbook.com

联系电话：0411-84708445　84708462

目录

第1章

行列式

行列式在线性代数中是基本运算也是基本工具，在很多问题中都会用到.比如线性方程组的求解、逆矩阵的求解等.本单元从初等代数求解二元和三元方程组入手，引进二阶和三阶行列式的概念；讨论方程组的求解方法，进而引出 n 阶行列式的概念；讨论行列式的几个性质，介绍利用行列式求解方程组的解的重要方法——克拉默法则.

1.1 n 阶行列式的定义

1.1.1 二阶行列式

在初等数学中，常用加、减消元法或代入消元法求解二元一次方程组

$$\begin{cases} a_{11}x_1+a_{12}x_2=b_1 \\ a_{21}x_1+a_{22}x_2=b_2 \end{cases} \tag{1-1-1}$$

其中，x_1、x_2 为未知数，a_{11}、a_{12}、a_{21}、a_{22}、b_1、b_2 为已知常数，a_{11}、a_{12}、a_{21}、a_{22} 分别为 x_1、x_2 的系数，b_1、b_2 分别为常数项.

利用加、减消元法的求解步骤是：在方程组(1-1-1)的第 1 个方程两边同时乘以 a_{22}，第 2 个方程的两边同时乘以 a_{12}，然后两边分别相减消掉未知数 x_2，得到

$$(a_{11}a_{22}-a_{12}a_{21})x_1=a_{22}b_1-a_{12}b_2.$$

同理，在方程组(1-1-1)的第 1 个方程两边同时乘以 a_{21}，第 2 个方程的两边同时乘以 a_{11}，然后两边分别相减消掉未知数 x_1，得到

$$(a_{11}a_{22}-a_{12}a_{21})x_2=a_{11}b_2-a_{21}b_1,$$

如果 $a_{11}a_{22}-a_{12}a_{21}\neq 0$，那么方程组(1-1-1)就有唯一解：

$$x_1=\frac{a_{22}b_1-a_{12}b_2}{a_{11}a_{22}-a_{12}a_{21}},\ x_2=\frac{a_{11}b_2-a_{21}b_1}{a_{11}a_{22}-a_{12}a_{21}} \tag{1-1-2}$$

为了方便记忆和表示，我们引入下列二阶行列式的概念.

在方程组(1-1-1)中，把未知数 x_1、x_2 的系数相对位置不变的写成二行二列的数表，两边用竖线标出，并且规定这样的运算：

$$\begin{vmatrix} a_{11} & a_{12} \\ a_{21} & a_{22} \end{vmatrix} = a_{11}a_{22} - a_{12}a_{21},$$

这个符号称为**二阶行列式**，等式的右边称为二阶行列式的**展开式**，数 $a_{ij}(i=1,2;j=1,2)$ 称为该行列式的**元素**，每个横排称为行列式的**行**，每个竖排称为行列式的**列**. a_{ij} 的右下角足标表示了元素 a_{ij} 在行列式中处在第 i 行第 j 列的位置.

如果分别记

$$D = \begin{vmatrix} a_{11} & a_{12} \\ a_{21} & a_{22} \end{vmatrix}, D_1 = \begin{vmatrix} b_1 & a_{12} \\ b_2 & a_{22} \end{vmatrix}, D_2 = \begin{vmatrix} a_{11} & b_1 \\ a_{21} & b_2 \end{vmatrix},$$

其中 D 为方程组(1-1-1)的系数行列式. 那么，方程组的解(1-1-2)可以表示成

$$x_1 = \frac{b_1a_{22} - a_{12}b_2}{a_{11}a_{22} - a_{12}a_{21}} = \frac{D_1}{D}, x_2 = \frac{a_{11}b_2 - a_{21}b_1}{a_{11}a_{22} - a_{12}a_{21}} = \frac{D_2}{D}. \tag{1-1-3}$$

由此可见，二元一次方程组的解可以通过二阶行列式的计算求得，求解过程得到简化。

思考 方程组的解(1-1-3)如何记忆？三元线性方程组是否也有类似的公式？

1.1.2 三阶行列式

与二元线性方程组的求解过程类似，对于三元线性方程组

$$\begin{cases} a_{11}x_1 + a_{12}x_2 + a_{13}x_3 = b_1 \\ a_{21}x_1 + a_{22}x_2 + a_{23}x_3 = b_2 \\ a_{31}x_1 + a_{32}x_2 + a_{33}x_3 = b_3 \end{cases} \tag{1-1-4}$$

同样可以利用消元法进行求解. 为了方便表示它的解，我们定义三阶行列式及其展开式为：

$$\begin{vmatrix} a_{11} & a_{12} & a_{13} \\ a_{21} & a_{22} & a_{23} \\ a_{31} & a_{32} & a_{33} \end{vmatrix} = (-1)^{1+1}a_{11}\begin{vmatrix} a_{22} & a_{23} \\ a_{32} & a_{33} \end{vmatrix} + (-1)^{1+2}a_{12}\begin{vmatrix} a_{21} & a_{23} \\ a_{31} & a_{33} \end{vmatrix} + (-1)^{1+3}a_{13}\begin{vmatrix} a_{21} & a_{22} \\ a_{31} & a_{32} \end{vmatrix}$$

$$=a_{11}(a_{22}a_{33}-a_{23}a_{32})-a_{12}(a_{21}a_{33}-a_{23}a_{31})+a_{13}(a_{21}a_{32}-a_{22}a_{31})$$

$$=a_{11}a_{22}a_{33}+a_{12}a_{23}a_{31}+a_{13}a_{21}a_{32}-a_{13}a_{22}a_{31}-$$

$$a_{11}a_{23}a_{32}-a_{12}a_{21}a_{33}. \tag{1-1-5}$$

可见,计算三阶行列式时,可以先将其转化为二阶行列式再计算.

思考 展开式结果(1-1-5)有什么样的记忆规律?

【例 1-1-1】 计算行列式

$$D=\begin{vmatrix} 3 & 1 & -1 \\ 2 & 4 & 0 \\ -1 & 5 & 7 \end{vmatrix}.$$

解 利用三阶行列式的展开式(1-1-5),得

$$D=(-1)^{1+1}\cdot 3\cdot\begin{vmatrix} 4 & 0 \\ 5 & 7 \end{vmatrix}+(-1)^{1+2}\cdot 1\cdot\begin{vmatrix} 2 & 0 \\ -1 & 7 \end{vmatrix}+(-1)^{1+3}\cdot(-1)\cdot\begin{vmatrix} 2 & 4 \\ -1 & 5 \end{vmatrix}$$

$$=3\times(4\times 7-0\times 5)-[2\times 7-0\times(-1)]-[2\times 5-4\times(-1)]$$

$$=84-14-14=56.$$

利用三阶行列式来解三元一次方程组(1-1-4).分别定义

$$D=\begin{vmatrix} a_{11} & a_{12} & a_{13} \\ a_{21} & a_{22} & a_{23} \\ a_{31} & a_{32} & a_{33} \end{vmatrix},\quad D_1=\begin{vmatrix} b_1 & a_{12} & a_{13} \\ b_2 & a_{22} & a_{23} \\ b_3 & a_{32} & a_{33} \end{vmatrix},$$

$$D_2=\begin{vmatrix} a_{11} & b_1 & a_{13} \\ a_{21} & b_2 & a_{23} \\ a_{31} & b_3 & a_{33} \end{vmatrix},\quad D_3=\begin{vmatrix} a_{11} & a_{12} & b_1 \\ a_{21} & a_{22} & b_2 \\ a_{31} & a_{32} & b_3 \end{vmatrix}.$$

其中 D 为方程组(1-1-4)的系数行列式.我们可以观察到,D_i $(i=1,2,3)$是将系数行列式 D 中的第 i 列换成方程组(1-1-4)中常数列的结果,而其他列不变.

利用消元法求解方程组(1-1-4),在当 $D\neq 0$ 时有唯一解,其解可以表示为:

$$x_1=\frac{D_1}{D},x_2=\frac{D_2}{D},x_3=\frac{D_3}{D}. \tag{1-1-6}$$

【例 1-1-2】 解方程组

$$\begin{cases} x_1+3x_2+x_3=2 \\ 2x_1-x_2-4x_3=-1 \\ x_1+2x_2+2x_3=5 \end{cases}.$$

解 方程组的系数行列式为

$$D=\begin{vmatrix}1&3&1\\2&-1&-4\\1&2&2\end{vmatrix}=\begin{vmatrix}-1&-4\\2&2\end{vmatrix}-3\cdot\begin{vmatrix}2&-4\\1&2\end{vmatrix}+\begin{vmatrix}2&-1\\1&2\end{vmatrix}=-13\neq 0.$$

又计算得

$$D_1=\begin{vmatrix}2&3&1\\-1&-1&-4\\5&2&2\end{vmatrix}=-39,D_2=\begin{vmatrix}1&2&1\\2&-1&-4\\1&5&2\end{vmatrix}=13,D_3=\begin{vmatrix}1&3&2\\2&-1&-1\\1&2&5\end{vmatrix}=-26.$$

所以，方程组的解为

$$x_1=\frac{D_1}{D}=\frac{-39}{-13}=3,x_2=\frac{D_2}{D}=\frac{13}{-13}=-1,x_3=\frac{D_3}{D}=\frac{-26}{-13}=2.$$

显然，方程组(1-1-1)、(1-1-4)有共同特点：方程的个数和未知数的个数相等，它们的系数行列式都不等于零. 利用行列式计算它们的解(1-1-3)、(1-1-6)非常简便，也容易记忆. 那么，对于方程的个数和未知数的个数相等且都超过 3 的方程组，是否也有类似的结果呢？那就需要认识更高阶的行列式的定义.

1.1.3 n 阶行列式

从前面的讨论可以看到，利用低阶的行列式计算高阶行列式可以化繁为简. 对于 n 阶行列式也可同样进行计算. 下面给出 n 阶行列式的递归法定义.

定义 1-1-1 将 n^2 个数排列成 n 行 n 列的数表，并在左、右两边各加一条竖线，记为 D_n，即

$$D_n=\begin{vmatrix}a_{11}&a_{12}&\cdots&a_{1n}\\a_{21}&a_{22}&\cdots&a_{2n}\\\vdots&\vdots&&\vdots\\a_{n1}&a_{n2}&\cdots&a_{nn}\end{vmatrix},$$

称为 ***n* 阶行列式**，它等于某个按一定规则计算得到的数.

当 $n=1$ 时，

$$D_1=|a_{11}|=a_{11},$$

当 $n\geqslant 2$ 时，

$$D_n=a_{11}A_{11}+a_{12}A_{12}+\cdots+a_{1n}A_{1n}=\sum_{j=1}^{n}a_{1j}A_{1j},$$

其中数 a_{ij} 称为第 i 行第 j 列的元素，

$$A_{ij}=(-1)^{i+j}M_{ij},$$

称 A_{ij} 为 a_{ij} 的**代数余子式**;M_{ij} 为由 D_n 划去第 i 行和第 j 列后,余下元素相对位置不变构成的 $n-1$ 阶行列式,即

$$M_{ij}=\begin{vmatrix} a_{11} & \cdots & a_{1,j-1} & a_{1,j+1} & \cdots & a_{1n} \\ \vdots & & \vdots & \vdots & & \vdots \\ a_{i-1,1} & \cdots & a_{i-1,j-1} & a_{i-1,j+1} & \cdots & a_{i-1,n} \\ a_{i+1,1} & \cdots & a_{i+1,j-1} & a_{i+1,j+1} & \cdots & a_{i+1,n} \\ \vdots & & \vdots & \vdots & & \vdots \\ a_{n1} & \cdots & a_{n,j-1} & a_{n,j+1} & \cdots & a_{nn} \end{vmatrix},$$

称 M_{ij} 为 a_{ij} 的**余子式**.

例如,四阶行列式

$$D_4=\begin{vmatrix} 3 & 2 & -1 & 6 \\ 2 & 1 & -6 & 0 \\ 8 & 1 & -2 & 4 \\ 5 & 7 & -4 & -9 \end{vmatrix}$$

中,元素 a_{23} 的余子式即为划去第 2 行和第 3 列后的三阶行列式

$$M_{23}=\begin{vmatrix} 3 & 2 & 6 \\ 8 & 1 & 4 \\ 5 & 7 & -9 \end{vmatrix},$$

元素 a_{23} 的代数余子式即为余子式 M_{ij} 前面加一个符号因子

$$A_{23}=(-1)^{2+3}M_{23}=-\begin{vmatrix} 3 & 2 & 6 \\ 8 & 1 & 4 \\ 5 & 7 & -9 \end{vmatrix}.$$

从定义 1-1-1 可知,一个 n 阶行列式代表一个数值,这个数值是第 1 行所有元素与其相应的代数余子式乘积之和. 我们常称此为将 n 阶行列式按第 1 行展开.

【例 1-1-3】 计算三阶行列式

$$D_3=\begin{vmatrix} 1 & 3 & -2 \\ 2 & 0 & 6 \\ 5 & 7 & -4 \end{vmatrix}.$$

解　由 n 阶行列式定义,直接按第 1 行展开

$$D_3=1\cdot(-1)^{1+1}\begin{vmatrix} 0 & 6 \\ 7 & -4 \end{vmatrix}+3\cdot(-1)^{1+2}\begin{vmatrix} 2 & 6 \\ 5 & -4 \end{vmatrix}+(-2)\cdot(-1)^{1+3}\begin{vmatrix} 2 & 0 \\ 5 & 7 \end{vmatrix}$$

$=-42+114-28=44.$

【例 1-1-4】 计算四阶行列式

$$D_4=\begin{vmatrix} 3 & 0 & 2 & 0 \\ -1 & 2 & 4 & 0 \\ 5 & 4 & 0 & 1 \\ -2 & 6 & -1 & 7 \end{vmatrix}.$$

解 由 n 阶行列式定义,将行列式按第 1 行展开

$$\begin{aligned} D_4 &= 3\cdot(-1)^{1+1}\begin{vmatrix} 2 & 4 & 0 \\ 4 & 0 & 1 \\ 6 & -1 & 7 \end{vmatrix}+0+2\cdot(-1)^{1+3}\begin{vmatrix} -1 & 2 & 0 \\ 5 & 4 & 1 \\ -2 & 6 & 7 \end{vmatrix}+0 \\ &= 3\left[2\cdot(-1)^{1+1}\begin{vmatrix} 0 & 1 \\ -1 & 7 \end{vmatrix}+4\cdot(-1)^{1+2}\begin{vmatrix} 4 & 1 \\ 6 & 7 \end{vmatrix}\right]+ \\ &\quad 2\left[(-1)\cdot(-1)^{1+1}\begin{vmatrix} 4 & 1 \\ 6 & 7 \end{vmatrix}+2\cdot(-1)^{1+2}\begin{vmatrix} 5 & 1 \\ -2 & 7 \end{vmatrix}\right] \\ &= 3[2-4(28-6)]+2[-(28-6)-2(35+2)]=-450. \end{aligned}$$

由此题的计算可以看到,第 1 行的零越多时计算就越简便.

思考 你能模仿定义 1-1-1 写出将 n 阶行列式按其他行展开时的展开式吗?请通过实例检验展开后的结果与按第 1 行展开的结果是否一致.由此可以得到什么样的结论?按列展开呢?

【例 1-1-5】 计算行列式

$$\begin{vmatrix} \lambda_1 & 0 & \cdots & 0 & 0 \\ 0 & \lambda_2 & \cdots & 0 & 0 \\ \vdots & \vdots & & \vdots & \vdots \\ 0 & 0 & \cdots & \lambda_{n-1} & 0 \\ 0 & 0 & \cdots & 0 & \lambda_n \end{vmatrix}.$$

解 由 n 阶行列式定义,从第 1 行开始逐步展开降阶,可得

$$\begin{vmatrix} \lambda_1 & 0 & \cdots & 0 & 0 \\ 0 & \lambda_2 & \cdots & 0 & 0 \\ \vdots & \vdots & & \vdots & \vdots \\ 0 & 0 & \cdots & \lambda_{n-1} & 0 \\ 0 & 0 & \cdots & 0 & \lambda_n \end{vmatrix}=\lambda_1(-1)^{1+1}\begin{vmatrix} \lambda_2 & 0 & \cdots & 0 & 0 \\ 0 & \lambda_3 & \cdots & 0 & 0 \\ \vdots & \vdots & & \vdots & \vdots \\ 0 & 0 & \cdots & \lambda_{n-1} & 0 \\ 0 & 0 & \cdots & 0 & \lambda_n \end{vmatrix}$$

$$=\lambda_1\lambda_2(-1)^{1+1}\begin{vmatrix}\lambda_3 & 0 & \cdots & 0 & 0\\ 0 & \lambda_4 & \cdots & 0 & 0\\ \vdots & \vdots & & \vdots & \vdots\\ 0 & 0 & \cdots & \lambda_{n-1} & 0\\ 0 & 0 & \cdots & 0 & \lambda_n\end{vmatrix}=\cdots=\lambda_1\lambda_2\cdots\lambda_n \tag{1-1-7}$$

像这种对角线以外的元素全为零的行列式称为**对角行列式**.对角行列式还有另外一种情形

$$\begin{vmatrix}0 & 0 & \cdots & 0 & \lambda_1\\ 0 & 0 & \cdots & \lambda_2 & 0\\ \vdots & \vdots & & \vdots & \vdots\\ 0 & \lambda_{n-1} & \cdots & 0 & 0\\ \lambda_n & 0 & \cdots & 0 & 0\end{vmatrix},$$

计算时,也是根据 n 阶行列式定义按第 1 行展开,逐步降阶,可得

$$\begin{vmatrix}0 & 0 & \cdots & 0 & \lambda_1\\ 0 & 0 & \cdots & \lambda_2 & 0\\ \vdots & \vdots & & \vdots & \vdots\\ 0 & \lambda_{n-1} & \cdots & 0 & 0\\ \lambda_n & 0 & \cdots & 0 & 0\end{vmatrix}=\lambda_1(-1)^{1+n}\begin{vmatrix}0 & 0 & \cdots & 0 & \lambda_2\\ 0 & 0 & \cdots & \lambda_3 & 0\\ \vdots & \vdots & & \vdots & \vdots\\ 0 & \lambda_{n-1} & \cdots & 0 & 0\\ \lambda_n & 0 & \cdots & 0 & 0\end{vmatrix}$$

$$=\lambda_1(-1)^{1+n}\cdot\lambda_2(-1)^{1+n-1}\begin{vmatrix}0 & 0 & \cdots & 0 & \lambda_3\\ 0 & 0 & \cdots & \lambda_4 & 0\\ \vdots & \vdots & & \vdots & \vdots\\ 0 & \lambda_{n-1} & \cdots & 0 & 0\\ \lambda_n & 0 & \cdots & 0 & 0\end{vmatrix}$$

$$=\cdots=(-1)^{1+n}\cdot(-1)^{1+n-1}\cdot\cdots\cdot(-1)^{1+2}\lambda_1\lambda_2\cdots\lambda_n$$

$$=(-1)^{\frac{n(n-1)}{2}}\lambda_1\lambda_2\cdots\lambda_n. \tag{1-1-8}$$

由此可见,两类对角行列式的计算公式不同,后者不但与对角线上的元素有关,而且还与行列式的阶数有关,计算时要注意.

【例 1-1-6】 计算下列行列式

$$D_n=\begin{vmatrix} a_{11} & 0 & \cdots & 0 & 0 \\ a_{21} & a_{22} & \cdots & 0 & 0 \\ \vdots & \vdots & & \vdots & \vdots \\ a_{n-1,1} & a_{n-1,2} & \cdots & a_{n-1,n-1} & 0 \\ a_{n1} & a_{n2} & \cdots & a_{n,n-1} & a_{nn} \end{vmatrix}.$$

解 由 n 阶行列式定义，从第 1 行起逐步展开降阶，可得

$$D_n=a_{11}(-1)^{1+1}\begin{vmatrix} a_{22} & 0 & \cdots & 0 & 0 \\ a_{32} & a_{33} & \cdots & 0 & 0 \\ \vdots & \vdots & & \vdots & \vdots \\ a_{n-1,2} & a_{n-1,3} & \cdots & a_{n-1,n-1} & 0 \\ a_{n2} & a_{n3} & \cdots & a_{n,n-1} & a_{nn} \end{vmatrix}$$

$$=\cdots=a_{11}(-1)^{1+1}\cdot a_{22}(-1)^{1+1}\cdot\cdots\cdot a_{nn}=a_{11}a_{22}\cdots a_{nn}. \tag{1-1-9}$$

像这种主对角线以上的元素都为零的行列式称为**下三角行列式**. 另外，还有一种副对角线以上的元素都为零的行列式，是另一种类型的下三角行列式，同样可利用 n 阶行列式定义进行计算：

$$D_n=\begin{vmatrix} 0 & 0 & \cdots & 0 & a_{1n} \\ 0 & 0 & \cdots & a_{2,n-1} & a_{2n} \\ \vdots & \vdots & & \vdots & \vdots \\ 0 & a_{n-1,2} & \cdots & a_{n-1,n-1} & a_{n-1,n} \\ a_{n1} & a_{n2} & \cdots & a_{n,n-1} & a_{nn} \end{vmatrix}=a_{1n}(-1)^{1+n}\begin{vmatrix} 0 & 0 & \cdots & 0 & a_{2,n-1} \\ 0 & 0 & \cdots & a_{3,n-2} & a_{3,n-1} \\ \vdots & \vdots & & \vdots & \vdots \\ 0 & a_{n-1,2} & \cdots & a_{n-1,n-2} & a_{n-1,n-1} \\ a_{n1} & a_{n2} & \cdots & a_{n,n-2} & a_{n,n-1} \end{vmatrix}$$

$$=a_{1n}(-1)^{1+n}\cdot a_{2,n-1}(-1)^{1+n-1}\cdot a_{3,n-2}(-1)^{1+n-2}\cdot\cdots\cdot a_{n-1,2}(-1)^{1+2}\cdot a_{n1}$$

$$=a_{1n}a_{2,n-1}\cdot\cdots\cdot a_{n1}(-1)^{(n+1)+n+(n-1)+\cdots+3}=a_{1n}a_{2,n-1}\cdot\cdots\cdot a_{n1}(-1)^{\frac{n(n-1)}{2}+2(n-1)}$$

$$=(-1)^{\frac{n(n-1)}{2}}a_{1n}a_{2,n-1}\cdot\cdots\cdot a_{n1}. \tag{1-1-10}$$

习题 1.1

1. 计算下列行列式.

(1) $\begin{vmatrix} 3 & -1 \\ 2 & 4 \end{vmatrix}$； (2) $\begin{vmatrix} 3 & 2 & -2 \\ 4 & 0 & 5 \\ -4 & 7 & 1 \end{vmatrix}$；

(3) $\begin{vmatrix} 2 & 1 & 0 \\ 3 & 4 & -1 \\ 1 & 0 & 2 \end{vmatrix}$; (4) $\begin{vmatrix} x & y & 0 \\ y & 0 & x \\ 0 & x & y \end{vmatrix}$.

2. 利用行列式法求解下列三元一次方程组.

$$\begin{cases} x_1+2x_2-x_3=1 \\ 2x_1+x_2-2x_3=-1 \\ x_1-x_2+x_3=4 \end{cases}.$$

3. 写出下面行列式中元素 a_{23} 的余子式和代数余子式.

$$\begin{vmatrix} 1 & 0 & -2 & 3 \\ 2 & 1 & 4 & 5 \\ 3 & -1 & 0 & 6 \\ -1 & 3 & 3 & 1 \end{vmatrix}.$$

4. 利用 n 阶行列式的定义计算下列行列式.

$$\begin{vmatrix} 0 & 1 & 0 & 0 \\ 0 & 0 & 2 & 0 \\ 0 & 0 & 0 & 3 \\ 4 & 0 & 0 & 0 \end{vmatrix}.$$

5. 计算下列行列式.

(1) $\begin{vmatrix} 1 & 1 & 1 & 0 \\ 1 & 1 & 0 & 1 \\ 1 & 0 & 1 & 1 \\ 0 & 1 & 1 & 1 \end{vmatrix}$; (2) $\begin{vmatrix} 4 & 3 & 2 & 1 \\ 3 & 2 & 1 & 0 \\ 2 & 1 & 0 & 0 \\ 1 & 0 & 0 & 0 \end{vmatrix}$; (3) $\begin{vmatrix} 4 & 3 & 2 & 1 \\ 0 & 2 & 1 & 0 \\ 0 & 0 & 3 & -5 \\ 0 & 0 & 0 & 1 \end{vmatrix}$.

1.2 行列式的性质与计算

1.2.1 n 阶行列式的性质

虽然行列式的定义已经简单交代了行列式的计算方法，可直接利用定义计算会比较麻烦，特别是行列式的阶数比较高时. 为了进一步简化计算，我们还需讨论以下行列式的基本性质.

如果 a_{ij} 为行列式 D 中第 i 行第 j 列的元素，对于另外一个行列式，其第 j 行第 i 列的元素也是 a_{ij}，那么称其为 D 的转置行列式，记为 D^{T}. 即，如果

$$D=\begin{vmatrix} a_{11} & a_{12} & \cdots & a_{1n} \\ a_{21} & a_{22} & \cdots & a_{2n} \\ \vdots & \vdots & & \vdots \\ a_{n1} & a_{n2} & \cdots & a_{nn} \end{vmatrix},$$

则

$$D^{\mathrm{T}}=\begin{vmatrix} a_{11} & a_{21} & \cdots & a_{n1} \\ a_{12} & a_{22} & \cdots & a_{n2} \\ \vdots & \vdots & & \vdots \\ a_{1n} & a_{2n} & \cdots & a_{nn} \end{vmatrix}.$$

性质 1-2-1 行列式与它的转置行列式相等，即 $D=D^{\mathrm{T}}$.

对于该性质，我们可以利用行列式定义进行计算验证. 如，对于二阶行列式

$$D_2=\begin{vmatrix} a_{11} & a_{12} \\ a_{21} & a_{22} \end{vmatrix}=a_{11}a_{22}-a_{12}a_{21}.$$

$$D_2^{\mathrm{T}}=\begin{vmatrix} a_{11} & a_{21} \\ a_{12} & a_{22} \end{vmatrix}=a_{11}a_{22}-a_{21}a_{12}=D_2.$$

对于其他高阶行列式，读者可自行验证.

这个性质说明，在行列式的其他性质中，凡是对行成立的性质对列也是成立的.

【例 1-2-1】 验证行列式

$$D=\begin{vmatrix} 2 & 1 & -3 \\ -1 & 4 & 0 \\ 6 & 3 & -2 \end{vmatrix}$$

与它的转置行列式 D^{T} 相等.

解 $$D=\begin{vmatrix} 2 & 1 & -3 \\ -1 & 4 & 0 \\ 6 & 3 & -2 \end{vmatrix}=2\begin{vmatrix} 4 & 0 \\ 3 & -2 \end{vmatrix}-\begin{vmatrix} -1 & 0 \\ 6 & -2 \end{vmatrix}-3\begin{vmatrix} -1 & 4 \\ 6 & 3 \end{vmatrix}=63.$$

$$D^{\mathrm{T}}=\begin{vmatrix} 2 & -1 & 6 \\ 1 & 4 & 3 \\ -3 & 0 & -2 \end{vmatrix}=2\begin{vmatrix} 4 & 3 \\ 0 & -2 \end{vmatrix}+\begin{vmatrix} 1 & 3 \\ -3 & -2 \end{vmatrix}+6\begin{vmatrix} 1 & 4 \\ -3 & 0 \end{vmatrix}=63.$$

所以 $D=D^{\mathrm{T}}$.

思考 请读者讨论以下相等关系，并进行总结.

$$\begin{vmatrix} a_{11} & 0 & \cdots & 0 & 0 \\ a_{21} & a_{22} & \cdots & 0 & 0 \\ \vdots & \vdots & & \vdots & \vdots \\ a_{n-1,1} & a_{n-1,2} & \cdots & a_{n-1,n-1} & 0 \\ a_{n1} & a_{n2} & \cdots & a_{n,n-1} & a_{nn} \end{vmatrix} = \begin{vmatrix} a_{11} & a_{21} & \cdots & a_{n-1,1} & a_{n1} \\ 0 & a_{22} & \cdots & a_{n-1,2} & a_{n2} \\ \vdots & \vdots & & \vdots & \vdots \\ 0 & 0 & \cdots & a_{n-1,n-1} & a_{n,n-1} \\ 0 & 0 & \cdots & 0 & a_{nn} \end{vmatrix} = a_{11}a_{22}\cdots a_{nn}.$$

性质 1-2-2 互换行列式的任意两行(列)，行列式的值只改变符号.

如对于二阶行列式

$$D_2 = \begin{vmatrix} a_{11} & a_{12} \\ a_{21} & a_{22} \end{vmatrix} = a_{11}a_{22} - a_{12}a_{21}.$$

交换两行后，有

$$\begin{vmatrix} a_{21} & a_{22} \\ a_{11} & a_{12} \end{vmatrix} = a_{12}a_{21} - a_{22}a_{11} = -D_2.$$

对于其他高阶行列式，读者可自行验证.

【例 1-2-2】 已知行列式

$$D = \begin{vmatrix} 2 & 1 & -3 \\ -1 & 4 & 0 \\ 6 & 3 & -2 \end{vmatrix} = 63,$$

求下列行列式的大小

$$\begin{vmatrix} -1 & 4 & 0 \\ 6 & 3 & -2 \\ 2 & 1 & -3 \end{vmatrix}.$$

解 由性质 1-2-2 可得，互换行列式 D 的第 1 行与第 2 行，可得

$$\begin{vmatrix} -1 & 4 & 0 \\ 2 & 1 & -3 \\ 6 & 3 & -2 \end{vmatrix} = -D = -63.$$

再互换所得行列式的第 2 行与第 3 行，可得

$$\begin{vmatrix} -1 & 4 & 0 \\ 6 & 3 & -2 \\ 2 & 1 & -3 \end{vmatrix} = -\begin{vmatrix} -1 & 4 & 0 \\ 2 & 1 & -3 \\ 6 & 3 & -2 \end{vmatrix} = 63.$$

试想，如果一个行列式 D 中有两行(列)对应元素相等，其值是多少呢？按照性质

1-2-2，交换行列式 D 的两行（列）元素，行列式要改变符号，可由于两行（列）元素对应相等，换与不换都是同一个行列式，所以有 $D=-D$，即 $D=0$. 所以得到以下推论：

推论 1-2-1 如果行列式中有两行（列）的对应元素相同，则这个行列式等于零.

性质 1-2-3 n 阶行列式等于任意一行（列）所有元素与其对应的代数余子式的乘积之和，即

$$D_n=a_{i1}A_{i1}+a_{i2}A_{i2}+\cdots+a_{in}A_{in}=\sum_{k=1}^{n}a_{ik}A_{ik},i=1,2,\cdots,n.$$

$$D_n=a_{1j}A_{1j}+a_{2j}A_{2j}+\cdots+a_{nj}A_{nj}=\sum_{k=1}^{n}a_{kj}A_{kj},j=1,2,\cdots,n.$$

其中，A_{ij} 为元素 a_{ij} 对应的代数余子式，前式的计算称为将行列式 D_n 按第 i 行展开，后者称为将行列式 D_n 按第 j 列展开.

【例 1-2-3】 计算下列行列式

$$D=\begin{vmatrix}1&0&2&3&5\\2&0&3&-2&0\\6&2&4&5&9\\4&0&-3&-1&0\\0&0&7&0&0\end{vmatrix}.$$

解 注意到行列式中有些行或列上零元素比较多，可以考虑按零较多的行或列进行展开. 如，第 2 列有 4 个零元素，根据性质 1-2-3 按第 2 列展开：

$$D=2\cdot(-1)^{3+2}\begin{vmatrix}1&2&3&5\\2&3&-2&0\\4&-3&-1&0\\0&7&0&0\end{vmatrix}=(-2)\cdot\begin{vmatrix}1&2&3&5\\2&3&-2&0\\4&-3&-1&0\\0&7&0&0\end{vmatrix},$$

再对上面的四阶行列式按第 4 行展开，

$$D=(-2)\cdot 7\cdot(-1)^{4+2}\cdot\begin{vmatrix}1&3&5\\2&-2&0\\4&-1&0\end{vmatrix}=(-14)\cdot\begin{vmatrix}1&3&5\\2&-2&0\\4&-1&0\end{vmatrix},$$

再按第 3 列展开，可得

$$D=(-14)\cdot 5\cdot(-1)^{1+3}\cdot\begin{vmatrix}2&-2\\4&-1\end{vmatrix}=-420.$$

从本例可以看到，行列式既然可以按任意一行或一列展开，那么我们可以选零元素较

多的行或列，利用零乘以任何数都为零的运算特点简化计算，迅速降阶.

性质 1-2-4 n 阶行列式中任意一行（列）的元素与另一行（列）的相应元素的代数余子式的乘积之和等于零，即当 $i\neq k$ 时，有

$$a_{k1}A_{i1}+a_{k2}A_{i2}+\cdots+a_{kn}A_{in}=0.$$

证明 在 n 阶行列式

$$D=\begin{vmatrix} a_{11} & a_{12} & \cdots & a_{1n} \\ \vdots & \vdots & & \vdots \\ a_{i1} & a_{i2} & \cdots & a_{in} \\ \vdots & \vdots & & \vdots \\ a_{k1} & a_{k2} & \cdots & a_{kn} \\ \vdots & \vdots & & \vdots \\ a_{n1} & a_{n2} & \cdots & a_{nn} \end{vmatrix} \begin{matrix} \\ \\ \leftarrow \text{第 } i \text{ 行} \\ \\ \leftarrow \text{第 } k \text{ 行} \\ \\ \\ \end{matrix}$$

中，将第 i 行的元素换成第 $k(i\neq k)$ 行的元素，得到另一个行列式

$$D_0=\begin{vmatrix} a_{11} & a_{12} & \cdots & a_{1n} \\ \vdots & \vdots & & \vdots \\ a_{k1} & a_{k2} & \cdots & a_{kn} \\ \vdots & \vdots & & \vdots \\ a_{k1} & a_{k2} & \cdots & a_{kn} \\ \vdots & \vdots & & \vdots \\ a_{n1} & a_{n2} & \cdots & a_{nn} \end{vmatrix} \begin{matrix} \\ \\ \leftarrow \text{第 } i \text{ 行} \\ \\ \leftarrow \text{第 } k \text{ 行} \\ \\ \\ \end{matrix}$$

显然，D_0 的第 i 行的代数余子式与 D 的第 i 行的代数余子式是完全一样的. 将 D_0 按第 i 行展开，得

$$D_0=a_{k1}A_{i1}+a_{k2}A_{i2}+\cdots+a_{kn}A_{in},$$

因为 D_0 中有两行元素相同，根据推论 1-2-1，得 $D_0=0$. 因此

$$a_{k1}A_{i1}+a_{k2}A_{i2}+\cdots+a_{kn}A_{in}=0,(i\neq k).$$

由性质 1-2-3 和性质 1-2-4，我们可以得到以下结论：

$$a_{k1}A_{i1}+a_{k2}A_{i2}+\cdots+a_{kn}A_{in}=\begin{cases} D_n, & k=i \\ 0, & k\neq i \end{cases}. \tag{1-2-1}$$

或

$$a_{1s}A_{1j}+a_{2s}A_{2j}+\cdots+a_{ns}A_{nj}=\begin{cases} D_n, & s=j \\ 0, & s\neq j \end{cases}. \tag{1-2-2}$$

性质 1-2-5 以数 λ 乘以行列式，等于将行列式某一行(列)的所有元素都乘以同一个数 λ，即

$$\lambda\begin{vmatrix} a_{11} & a_{12} & \cdots & a_{1n} \\ \vdots & \vdots & & \vdots \\ a_{k1} & a_{k2} & \cdots & a_{kn} \\ \vdots & \vdots & & \vdots \\ a_{n1} & a_{n2} & \cdots & a_{nn} \end{vmatrix}=\begin{vmatrix} a_{11} & a_{12} & \cdots & a_{1n} \\ \vdots & \vdots & & \vdots \\ \lambda a_{k1} & \lambda a_{k2} & \cdots & \lambda a_{kn} \\ \vdots & \vdots & & \vdots \\ a_{n1} & a_{n2} & \cdots & a_{nn} \end{vmatrix}$$

证明 按照性质 1-2-3，将上式左右两边分别按第 k 行展开，它们第 k 行元素的代数余子式是对应相等的，均为 $A_{k1},A_{k2},\cdots,A_{kn}$，于是

$$\begin{aligned}左边&=\lambda(a_{k1}A_{k1}+a_{k2}A_{k2}+\cdots+a_{kn}A_{kn})\\&=\lambda a_{k1}A_{k1}+\lambda a_{k2}A_{k2}+\cdots+\lambda a_{kn}A_{kn}=右边.\end{aligned}$$

由性质 1-2-5 还可以得到以下两个推论：

推论 1-2-2 行列式某一行(列)的所有元素的公因子可以提到行列式符号的外面.

推论 1-2-3 行列式中如果有两行(列)元素对应成比例，则此行列式为零.

性质 1-2-6 如果行列式中某一行(列)的元素都是两数之和，则这个行列式可按该行(列)的加数拆成两个行列式的和，而且这两个行列式除了这一行(列)以外，其余的元素与原来行列式的对应元素相同，即

$$\begin{vmatrix} a_{11} & a_{12} & \cdots & a_{1n} \\ \vdots & \vdots & & \vdots \\ b_{k1}+c_{k1} & b_{k2}+c_{k2} & \cdots & b_{kn}+c_{kn} \\ \vdots & \vdots & & \vdots \\ a_{n1} & a_{n2} & \cdots & a_{nn} \end{vmatrix}=\begin{vmatrix} a_{11} & a_{12} & \cdots & a_{1n} \\ \vdots & \vdots & & \vdots \\ b_{k1} & b_{k2} & \cdots & b_{kn} \\ \vdots & \vdots & & \vdots \\ a_{n1} & a_{n2} & \cdots & a_{nn} \end{vmatrix}+\begin{vmatrix} a_{11} & a_{12} & \cdots & a_{1n} \\ \vdots & \vdots & & \vdots \\ c_{k1} & c_{k2} & \cdots & c_{kn} \\ \vdots & \vdots & & \vdots \\ a_{n1} & a_{n2} & \cdots & a_{nn} \end{vmatrix}$$

证明 将上述 3 个行列式分别按第 k 行展开，并注意到它们第 k 行元素的代数余子式都是相同的. 于是有

$$\begin{aligned}左边&=(b_{k1}+c_{k1})A_{k1}+(b_{k2}+c_{k2})A_{k2}+\cdots+(b_{kn}+c_{kn})A_{kn}\\&=(b_{k1}A_{k1}+b_{k2}A_{k2}+\cdots+b_{kn}A_{kn})+(c_{k1}A_{k1}+c_{k2}A_{k2}+\cdots+c_{kn}A_{kn})=右边.\end{aligned}$$

【例 1-2-4】 计算下列行列式

$$D=\begin{vmatrix} 3 & 1 & -2 & 5 \\ 0 & 2 & 6 & 1 \\ 6 & 2 & 3 & 10 \\ 0 & 0 & 4 & -3 \end{vmatrix}.$$

解　通过观察，第 1 行和第 3 行元素有 3 对成 2 倍关系，利用性质 1-2-6 将第 3 行元素拆成两数之和，即

$$D=\begin{vmatrix} 3 & 1 & -2 & 5 \\ 0 & 2 & 6 & 1 \\ 6+0 & 2+0 & -4+7 & 10+0 \\ 0 & 0 & 4 & -3 \end{vmatrix}=\begin{vmatrix} 3 & 1 & -2 & 5 \\ 0 & 2 & 6 & 1 \\ 6 & 2 & -4 & 10 \\ 0 & 0 & 4 & -3 \end{vmatrix}+\begin{vmatrix} 3 & 1 & -2 & 5 \\ 0 & 2 & 6 & 1 \\ 0 & 0 & 7 & 0 \\ 0 & 0 & 4 & -3 \end{vmatrix}.$$

上式中，第 1 个行列式的第 1 行和第 3 行对应成比例，该行列式等于零；第 2 个行列式的第 1 列和第 3 行零元素比较多，可按第 1 列或第 3 行展开，这里按第 3 行展开，即

$$D=7\cdot(-1)^{3+3}\cdot\begin{vmatrix} 3 & 1 & 5 \\ 0 & 2 & 1 \\ 0 & 0 & -3 \end{vmatrix}=7\cdot 3\cdot 2\cdot(-3)=-126.$$

性质 1-2-7　如果将行列式的某一行(列)的各元素都乘以同一个常数 λ，再加到另一行(列)的对应元素上去，则行列式的值不变，即

$$\begin{vmatrix} a_{11} & a_{12} & \cdots & a_{1n} \\ \vdots & \vdots & & \vdots \\ a_{i1} & a_{i2} & \cdots & a_{in} \\ \vdots & \vdots & & \vdots \\ a_{k1} & a_{k2} & \cdots & a_{kn} \\ \vdots & \vdots & & \vdots \\ a_{n1} & a_{n2} & \cdots & a_{nn} \end{vmatrix}=\begin{vmatrix} a_{11} & a_{12} & \cdots & a_{1n} \\ \vdots & \vdots & & \vdots \\ a_{i1} & a_{i2} & \cdots & a_{in} \\ \vdots & \vdots & & \vdots \\ a_{k1}+\lambda a_{i1} & a_{k2}+\lambda a_{i2} & \cdots & a_{kn}+\lambda a_{in} \\ \vdots & \vdots & & \vdots \\ a_{n1} & a_{n2} & \cdots & a_{nn} \end{vmatrix}.$$

证明　由性质 1-2-6，上式右边可以表示为

$$右边=\begin{vmatrix} a_{11} & a_{12} & \cdots & a_{1n} \\ \vdots & \vdots & & \vdots \\ a_{i1} & a_{i2} & \cdots & a_{in} \\ \vdots & \vdots & & \vdots \\ a_{k1} & a_{k2} & \cdots & a_{kn} \\ \vdots & \vdots & & \vdots \\ a_{n1} & a_{n2} & \cdots & a_{nn} \end{vmatrix}+\begin{vmatrix} a_{11} & a_{12} & \cdots & a_{1n} \\ \vdots & \vdots & & \vdots \\ a_{i1} & a_{i2} & \cdots & a_{in} \\ \vdots & \vdots & & \vdots \\ \lambda a_{i1} & \lambda a_{i2} & \cdots & \lambda a_{in} \\ \vdots & \vdots & & \vdots \\ a_{n1} & a_{n2} & \cdots & a_{nn} \end{vmatrix},$$

又由性质 1-2-5，后一个行列式为

$$\begin{vmatrix} a_{11} & a_{12} & \cdots & a_{1n} \\ \vdots & \vdots & & \vdots \\ a_{i1} & a_{i2} & \cdots & a_{in} \\ \vdots & \vdots & & \vdots \\ \lambda a_{i1} & \lambda a_{i2} & \cdots & \lambda a_{in} \\ \vdots & \vdots & & \vdots \\ a_{n1} & a_{n2} & \cdots & a_{nn} \end{vmatrix} = \lambda \begin{vmatrix} a_{11} & a_{12} & \cdots & a_{1n} \\ \vdots & \vdots & & \vdots \\ a_{i1} & a_{i2} & \cdots & a_{in} \\ \vdots & \vdots & & \vdots \\ a_{i1} & a_{i2} & \cdots & a_{in} \\ \vdots & \vdots & & \vdots \\ a_{n1} & a_{n2} & \cdots & a_{nn} \end{vmatrix} = 0,$$

所以原式右边等于左边.

今后,为方便描述计算过程,我们用记号“$\lambda \cdot r_i$”表示将第 i 行乘以 λ;用记号“$r_i \leftrightarrow r_j$”表示将第 i 行与第 j 行做交换;用记号“$r_j + \lambda \cdot r_i$”表示将第 i 行乘以 λ 后加到第 j 行上,把对应的变换写到等号的上下方,顺序从上到下体现步骤的先后. 如果将以上记号中的“r”都换成“c”,是对列进行相应操作.

针对上述性质 1-2-2、1-2-5、1-2-7,对行列式进行行变换时,可用如下形式进行表达:

(1)如果 $D_1 \xrightarrow{r_i \leftrightarrow r_j} D_2$,则 $D_2 = -D_1$;

(2)如果 $D_1 \xrightarrow{\lambda \cdot r_i} D_2$,则 $D_2 = \lambda D_1 (\lambda \neq 0)$;

(3)如果 $D_1 \xrightarrow{r_j + \lambda \cdot r_i} D_2$,则 $D_2 = D_1$.

1.2.2 n 阶行列式的计算

通常讲,行列式的计算方法较多,也比较灵活,行列式的阶数越高难度越大. 总结行列式的计算方法,主要有:利用行列式的性质;利用行列式的定义展开降阶;利用递推公式计算高阶或是 n 阶行列式;加“边”法计算行列式等. 以下举例说明.

【例 1-2-5】 计算下列行列式

$$D = \begin{vmatrix} 3 & 1 & 2 & -4 \\ 3 & -1 & 5 & 6 \\ 4 & 3 & 2 & 1 \\ 7 & 0 & 7 & 3 \end{vmatrix}.$$

解　对于阶数不高的数字行列式,利用性质 1-2-2 和性质 1-2-7 把行列式转化成上(下)三角行列式,再利用前文所述方法对主对角线上的元素求积. 计算过程如下:

$$D=\begin{vmatrix}3&1&2&-4\\3&-1&5&6\\4&3&2&1\\7&0&7&3\end{vmatrix}\xlongequal[r_3+(-1)r_1]{r_2+(-1)r_1}\begin{vmatrix}3&1&2&-4\\0&-2&3&10\\1&2&0&5\\7&0&7&3\end{vmatrix}\xlongequal[r_4+(-7)r_3]{r_1+(-3)r_3}\begin{vmatrix}0&-5&2&-19\\0&-2&3&10\\1&2&0&5\\0&-14&7&-32\end{vmatrix}$$

$$\xlongequal{r_1\leftrightarrow r_3}(-1)\cdot\begin{vmatrix}1&2&0&5\\0&-2&3&10\\0&-5&2&-19\\0&-14&7&-32\end{vmatrix}\xlongequal[r_3+(-3)r_2]{r_4+(-7)r_2}(-1)\cdot\begin{vmatrix}1&2&0&5\\0&-2&3&10\\0&1&-7&-49\\0&0&-14&-102\end{vmatrix}$$

$$\xlongequal[r_2\leftrightarrow r_3]{r_2+2r_3}(-1)\cdot\begin{vmatrix}1&2&0&5\\0&1&-7&-49\\0&0&-11&-88\\0&0&-14&-102\end{vmatrix}\xlongequal{r_4+\left(-\frac{14}{11}\right)r_3}$$

$$(-1)\cdot\begin{vmatrix}1&2&0&5\\0&1&-7&-49\\0&0&-11&-88\\0&0&0&10\end{vmatrix}=-110.$$

【例 1-2-6】 计算下列行列式

$$D=\begin{vmatrix}-2&0&3&2\\1&-1&-7&4\\4&0&0&3\\7&6&1&5\end{vmatrix}.$$

解 如果直接利用行列式的定义展开降阶，可能会比较烦琐. 利用性质 1-2-7 尽可能多地"造"零，然后按零比较多的行或列进行展开，可以很大程度简化计算. 行列式中第 2 列已经有 2 个零元素，先利用性质 1-2-7 再多"造"1 个零元素，过程如下：

$$D=\begin{vmatrix}-2&0&3&2\\1&-1&-7&4\\4&0&0&3\\7&6&1&5\end{vmatrix}\xlongequal{r_4+6r_2}\begin{vmatrix}-2&0&3&2\\1&-1&-7&4\\4&0&0&3\\13&0&-41&29\end{vmatrix}$$

$$\xlongequal{\text{按第 2 列展开}}(-1)\cdot(-1)^{2+2}\begin{vmatrix}-2&3&2\\4&0&3\\13&-41&29\end{vmatrix}$$

$$\xlongequal{c_1+c_3}(-1)\cdot\begin{vmatrix}0&3&2\\7&0&3\\42&-41&29\end{vmatrix}\xlongequal{r_3+(-6)r_2}(-1)\cdot\begin{vmatrix}0&3&2\\7&0&3\\0&-41&11\end{vmatrix}$$

$$\xlongequal{\text{按第 1 列展开}}(-7)\cdot(-1)^{2+1}\begin{vmatrix}3&2\\-41&11\end{vmatrix}$$

$$=7\times115=805.$$

【例 1-2-7】 计算下列行列式

$$D_4=\begin{vmatrix}a&b&b&b\\b&a&b&b\\b&b&a&b\\b&b&b&a\end{vmatrix}.$$

解 该行列式特征明显，每一行(列)上都有 1 个 a 和 3 个 b，各行(列)上的元素之和是相等的，都是 $a+3b$，所以可以考虑将第 2、3、4 行元素都加到第 1 行，提取第 1 行公因子 $a+3b$，然后利用第 1 行结合性质 1-2-7“造”零，得

$$D_4=\begin{vmatrix}a&b&b&b\\b&a&b&b\\b&b&a&b\\b&b&b&a\end{vmatrix}\xlongequal[r_1+r_4]{\substack{r_1+r_2\\r_1+r_3}}\begin{vmatrix}a+3b&a+3b&a+3b&a+3b\\b&a&b&b\\b&b&a&b\\b&b&b&a\end{vmatrix}=(a+3b)\begin{vmatrix}1&1&1&1\\b&a&b&b\\b&b&a&b\\b&b&b&a\end{vmatrix}$$

$$\xlongequal[r_4+(-b)r_1]{\substack{r_2+(-b)r_1\\r_3+(-b)r_1}}(a+3b)\begin{vmatrix}1&1&1&1\\0&a-b&0&0\\0&0&a-b&0\\0&0&0&a-b\end{vmatrix}=(a+3b)(a-b)^3.$$

根据上述计算方法，我们还可以得到一个计算规律：

$$D_n=\begin{vmatrix}a&b&b&\cdots&b\\b&a&b&\cdots&b\\\vdots&\vdots&\vdots&&\vdots\\b&b&b&\cdots&a\end{vmatrix}=[a+(n-1)b](a-b)^{n-1}.$$

【例 1-2-8】 计算下列行列式

$$D_4=\begin{vmatrix}1+a_1&1&1&1\\1&1+a_2&1&1\\1&1&1+a_3&1\\1&1&1&1+a_4\end{vmatrix},$$

其中 $a_i \neq 0(i=1,2,3,4)$.

解　该行列式与例 1-2-7 特点不同,主对角线上的元素并不相等.考虑到该行列式的特点,增加 1 行和 1 列,变成 5 阶行列式,保证和原来行列式相等,再利用行列式性质进行计算,这种方法叫加"边"法或增阶法.计算过程如下:

$$D_4=\begin{vmatrix}1&1&1&1&1\\0&1+a_1&1&1&1\\0&1&1+a_2&1&1\\0&1&1&1+a_3&1\\0&1&1&1&1+a_4\end{vmatrix}\xlongequal[\substack{r_4+(-1)r_1\\ r_5+(-1)r_1}]{\substack{r_2+(-1)r_1\\ r_3+(-1)r_1}}\begin{vmatrix}1&1&1&1&1\\-1&a_1&0&0&0\\-1&0&a_2&0&0\\-1&0&0&a_3&0\\-1&0&0&0&a_4\end{vmatrix}$$

$$\xlongequal[(i=2,3,4,5)]{c_1+\frac{1}{a_{i-1}}c_i}\begin{vmatrix}1+\sum\limits_{i=1}^{4}a_i^{-1}&1&1&1&1\\0&a_1&0&0&0\\0&0&a_2&0&0\\0&0&0&a_3&0\\0&0&0&0&a_4\end{vmatrix}=a_1a_2a_3a_4(1+\sum_{i=1}^{4}a_i^{-1}).$$

我们一样可以根据上述计算规律,归纳以下计算公式:

$$D_n=\begin{vmatrix}1+a_1&1&1&\cdots&1\\1&1+a_2&1&\cdots&1\\1&1&1+a_3&\cdots&1\\\vdots&\vdots&\vdots&&\vdots\\1&1&1&\cdots&1+a_n\end{vmatrix}=a_1a_2\cdots a_n(1+\sum_{i=1}^{n}a_i^{-1}).$$

在对有规律的行列式进行计算时,有时也会用到递推公式,这种情况常出现在高阶行列式的计算中.

【例 1-2-9】 计算下列行列式

$$D_n=\begin{vmatrix}a&&1\\&\ddots&\\1&&a\end{vmatrix},$$

其中对角线上的元素都是 a,未写出的元素都是 0.

解　将该行列式按第 2 行展开,第 2 行除对角线元素外全为零,得

$$D_n=a\begin{vmatrix} a & & 1 \\ & \ddots & \\ 1 & & a \end{vmatrix}_{(n-1)\times(n-1)}=aD_{n-1}=a^2D_{n-2}=\cdots=a^{n-2}\begin{vmatrix} a & 1 \\ 1 & a \end{vmatrix}=a^{n-2}(a^2-1).$$

【例 1-2-10】 证明 n 阶范德蒙德行列式

$$D_n=\begin{vmatrix} 1 & 1 & 1 & \cdots & 1 \\ x_1 & x_2 & x_3 & \cdots & x_n \\ x_1^2 & x_2^2 & x_3^2 & \cdots & x_n^2 \\ \vdots & \vdots & \vdots & & \vdots \\ x_1^{n-2} & x_2^{n-2} & x_3^{n-2} & \cdots & x_n^{n-2} \\ x_1^{n-1} & x_2^{n-1} & x_3^{n-1} & \cdots & x_n^{n-1} \end{vmatrix}=\prod_{1\leqslant j<i\leqslant n}(x_i-x_j). \tag{1-2-3}$$

解 用数学归纳法. 先看

$$D_2=\begin{vmatrix} 1 & 1 \\ x_1 & x_2 \end{vmatrix}=x_2-x_1=\prod_{1\leqslant j<i\leqslant 2}(x_i-x_j),$$

因此,当 $n=2$ 时行列式(1-2-3)成立. 现在假设对于 $n-1$ 阶范德蒙德行列式成立,要证明对于 n 阶范德蒙德行列式也是成立的.

为此,将 D_n 降阶:从第 n 行开始,后行减去前行的 x_1 倍,得

$$D_n=\begin{vmatrix} 1 & 1 & 1 & \cdots & 1 \\ 0 & x_2-x_1 & x_3-x_1 & \cdots & x_n-x_1 \\ 0 & x_2(x_2-x_1) & x_3(x_3-x_1) & \cdots & x_n(x_n-x_1) \\ \vdots & \vdots & \vdots & & \vdots \\ 0 & x_2^{n-2}(x_2-x_1) & x_3^{n-2}(x_3-x_1) & \cdots & x_n^{n-2}(x_n-x_1) \end{vmatrix},$$

再按第 1 行展开,并把每一列的公因子提出来,得到

$$D_n=(x_2-x_1)(x_3-x_1)\cdots(x_n-x_1)\begin{vmatrix} 1 & 1 & \cdots & 1 \\ x_2 & x_3 & \cdots & x_n \\ \vdots & \vdots & & \vdots \\ x_2^{n-2} & x_3^{n-2} & \cdots & x_n^{n-2} \end{vmatrix},$$

式中右端的行列式是一个 $n-1$ 阶范德蒙德行列式,按归纳法的假设,它等于所有 (x_i-x_j) 因子的乘积,其中 $n\geqslant i>j\geqslant 2$. 故

$$D_n=(x_2-x_1)(x_3-x_1)\cdots(x_n-x_1)\prod_{2\leqslant j<i\leqslant n}(x_i-x_j)=\prod_{1\leqslant j<i\leqslant n}(x_i-x_j).$$

通过以上例题读者可以看到,一个行列式选择何种方法进行计算,与行列式本身的特点有密切的关系,而且灵活利用行列式的定义和性质,可能会有多种方法可用.

综上所述，行列式的计算可以归纳为以下几种方法：

1. 对二阶或三阶行列式，可以按定义直接展开计算；

2. 对特殊的行列式，如对角行列式和三角行列式，其值为主对角线上所有元素的乘积；

3. 对于高阶行列式，可以依定义将某一行(列)展开降阶，也可以利用行列式的性质 1-2-7“造”零降阶，逐步进行，最终化成低阶行列式进行计算；

4. 对于数字型行列式，可利用性质 1-2-2 和性质 1-2-7 将其转化成三角行列式，然后主对角线上的元素做乘积，求得结果；

5. 对于含有字母的行列式或 n 阶行列式，首先要观察行列式的特点，利用行列式的性质进行转化，得到递推公式，利用归纳法求之；

6. 在计算行列式的过程中，根据行列式的特点，在不宜直接降阶时可以考虑增阶法或加“边”法，最终达到降阶的目的.

习题 1.2

1. 计算下列行列式.

(1) $\begin{vmatrix} 2 & 200 & 6 \\ 4 & 100 & 3 \\ 1 & 300 & 8 \end{vmatrix}$；　(2) $\begin{vmatrix} 2 & 1 & 1 \\ 1 & 2 & 1 \\ 1 & 1 & 2 \end{vmatrix}$；

(3) $\begin{vmatrix} -1 & 1 & 0 & 0 \\ 2 & -3 & 0 & 0 \\ 0 & 0 & 2 & 1 \\ 0 & 0 & 3 & 2 \end{vmatrix}$；　(4) $\begin{vmatrix} 0 & 1 & 2 & 3 \\ 1 & 0 & 1 & 2 \\ 2 & 1 & 0 & 1 \\ 3 & 2 & 1 & 0 \end{vmatrix}$.

2. 证明下列等式.

(1) $\begin{vmatrix} b_1+c_1 & c_1+a_1 & a_1+b_1 \\ b_2+c_2 & c_2+a_2 & a_2+b_2 \\ b_3+c_3 & c_3+a_3 & a_3+b_3 \end{vmatrix} = 2\begin{vmatrix} a_1 & b_1 & c_1 \\ a_2 & b_2 & c_2 \\ a_3 & b_3 & c_3 \end{vmatrix}$.

(2) $\begin{vmatrix} a^2 & b^2 & c^2 & d^2 \\ (a+1)^2 & (b+1)^2 & (c+1)^2 & (d+1)^2 \\ (a+2)^2 & (b+2)^2 & (c+2)^2 & (d+2)^2 \\ (a+3)^2 & (b+3)^2 & (c+3)^2 & (d+3)^2 \end{vmatrix} = 0$.

(3) $\begin{vmatrix} 1 & 1 & 1 & 1 \\ x_1 & x_2 & x_3 & x_4 \\ x_1^2 & x_2^2 & x_3^2 & x_4^2 \\ x_1^3 & x_2^3 & x_3^3 & x_4^3 \end{vmatrix} = (x_2-x_1)(x_3-x_1)(x_4-x_1)(x_3-x_2)(x_4-x_2)(x_4-x_3).$

3. 设 $D=\begin{vmatrix} 3 & 1 & -1 & 2 \\ -3 & 1 & 2 & 5 \\ 2 & 0 & 1 & 1 \\ 1 & -4 & -1 & 3 \end{vmatrix}$，$D$ 的第 i 行第 j 列元素对应的代数余子式用 A_{ij} 表示，求

(1) D；　　(2) $2A_{14}+5A_{24}+A_{34}+3A_{44}$；

(3) $A_{21}-4A_{22}-A_{23}+3A_{24}$；　　(4) $3A_{31}+A_{32}-A_{33}+A_{34}$.

4. 计算下列行列式.

(1) $D_{2n}=\begin{vmatrix} a_n & & & & & b_n \\ & \ddots & & & \iddots & \\ & & a_1 & b_1 & & \\ & & c_1 & d_1 & & \\ & \iddots & & & \ddots & \\ c_n & & & & & d_n \end{vmatrix}$，其中未写出的元素都是 0.

(2) $D_{n+1}=\begin{vmatrix} a^n & (a-1)^n & \cdots & (a-n)^n \\ a^{n-1} & (a-1)^{n-1} & \cdots & (a-n)^{n-1} \\ \vdots & \vdots & & \vdots \\ a & a-1 & \cdots & a-n \\ 1 & 1 & \cdots & 1 \end{vmatrix}$，利用范德蒙德行列式的结果计算.

(3) $D_n=\begin{vmatrix} x & a & a & \cdots & a \\ -a & x & a & \cdots & a \\ -a & -a & x & \cdots & a \\ \vdots & \vdots & \vdots & & \vdots \\ -a & -a & -a & \cdots & x \end{vmatrix}$.

1.3 克拉默法则

1.3.1 克拉默法则

在第1节中曾用二、三阶行列式讨论过二元和三元一次线性方程组的解，设想能不能用 n 阶行列式来求解 n 个方程构成的 n 元一次线性方程组呢？如果能，解的表达式是不是与前面所述类似呢？现在来分析这些问题.

设含有 n 个方程、n 个未知数 $x_1,x_2,\cdots,x_n$ 的线性方程组

$$\begin{cases} a_{11}x_1+a_{12}x_2+\cdots+a_{1n}x_n=b_1, \\ a_{21}x_1+a_{22}x_2+\cdots+a_{2n}x_n=b_2, \\ \quad\cdots\cdots \\ a_{n1}x_1+a_{n2}x_2+\cdots+a_{nn}x_n=b_n. \end{cases} \tag{1-3-1}$$

定理 1-3-1(克拉默法则) 如果线性方程组(1-3-1)的系数行列式为

$$\Delta=\begin{vmatrix} a_{11} & a_{12} & \cdots & a_{1n} \\ a_{21} & a_{22} & \cdots & a_{2n} \\ \vdots & \vdots & & \vdots \\ a_{n1} & a_{n2} & \cdots & a_{nn} \end{vmatrix}\neq 0,$$

那么，线性方程组(1-3-1)一定有唯一解，其解为

$$x_1=\frac{\Delta_1}{\Delta},x_2=\frac{\Delta_2}{\Delta},\cdots,x_n=\frac{\Delta_n}{\Delta}, \tag{1-3-2}$$

其中，$\Delta_j\ (j=1,2,\cdots,n)$ 是把系数行列式 Δ 中第 j 列的元素 $a_{1j},a_{2j},\cdots,a_{nj}$ 换成方程组右端的常数列 $b_1,b_2,\cdots,b_n$，而其余各列不变所得到的 n 阶行列式，即

$$\Delta_j=\begin{vmatrix} a_{11} & \cdots & a_{1,j-1} & b_1 & a_{1,j+1} & \cdots & a_{1n} \\ a_{21} & \cdots & a_{2,j-1} & b_2 & a_{2,j+1} & \cdots & a_{2n} \\ \vdots & & \vdots & \vdots & \vdots & & \vdots \\ a_{n1} & \cdots & a_{n,j-1} & b_n & a_{n,j+1} & \cdots & a_{nn} \end{vmatrix}(j=1,2,\cdots,n). \tag{1-3-3}$$

证明 证明线性方程组(1-3-1)有解，并且公式(1-3-2)表示的就是线性方程组(1-3-1)的一个解. 把 $x_1=\frac{\Delta_1}{\Delta},x_2=\frac{\Delta_2}{\Delta},\cdots,x_n=\frac{\Delta_n}{\Delta}$ 代入线性方程组(1-3-1)中，验证其每个方程都是恒等式即可.

在第 $i(i=1,2,\cdots,n)$ 个方程中，把 $x_1=\dfrac{\Delta_1}{\Delta},x_2=\dfrac{\Delta_2}{\Delta},\cdots,x_n=\dfrac{\Delta_n}{\Delta}$ 代入后，得

$$a_{i1}x_1+a_{i2}x_2+\cdots+a_{in}x_n=a_{i1}\frac{\Delta_1}{\Delta}+a_{i2}\frac{\Delta_2}{\Delta}+\cdots+$$

$$a_{in}\frac{\Delta_n}{\Delta}=\frac{1}{\Delta}(a_{i1}\Delta_1+a_{i2}\Delta_2+\cdots+a_{in}\Delta_n). \tag{1-3-4}$$

把 Δ_1 按第 1 列展开，注意到 Δ_1 除第 1 列外，其余各列的元素都与 Δ 的相应列的元素相同，所以 Δ_1 的第 1 列元素的代数余子式就是 Δ 的第 1 列元素的代数余子式 $A_{11},A_{21},\cdots,A_{n1}$，因此

$$\Delta_1=b_1A_{11}+\cdots+b_iA_{i1}+\cdots+b_nA_{n1}.$$

同理，把 Δ_2 按第 2 列展开，…，把 Δ_n 按第 n 列展开，然后把它们全部代入式(1-3-4)中：

$$a_{i1}x_1+a_{i2}x_2+\cdots+a_{in}x_n=\frac{1}{\Delta}[a_{i1}(b_1A_{11}+\cdots+b_iA_{i1}+\cdots+b_nA_{n1})+$$

$$a_{i2}(b_1A_{12}+\cdots+b_iA_{i2}+\cdots+b_nA_{n2})+\cdots+a_{in}(b_1A_{1n}+\cdots+b_iA_{in}+\cdots+b_nA_{nn})], \tag{1-3-5}$$

利用公式(1-2-1)，于是式(1-3-5)为

$$a_{i1}x_1+a_{i2}x_2+\cdots+a_{in}x_n=\frac{1}{\Delta}(b_1\cdot 0+\cdots+b_i\cdot\Delta+\cdots+b_n\cdot 0)=\frac{1}{\Delta}\cdot b_i\cdot\Delta=b_i,$$

所以，第 i 个方程式是恒等式. 由于 i 可取 $1,2,\cdots,n$ 中的任意一个数，因此我们证明了公式(1-3-2)所表示的 $x_1=\dfrac{\Delta_1}{\Delta},x_2=\dfrac{\Delta_2}{\Delta},\cdots,x_n=\dfrac{\Delta_n}{\Delta}$ 是线性方程组(1-3-1)的解.

下面再证明线性方程组(1-3-1)的解是唯一的. 如果我们任取线性方程组(1-3-1)的一个解 $x_1=d_1,x_2=d_2,\cdots,x_n=d_n$，只要能够证明必有如下表达式

$$d_1=\frac{\Delta_1}{\Delta},d_2=\frac{\Delta_2}{\Delta},\cdots,d_n=\frac{\Delta_n}{\Delta}$$

即可.

因为 $x_1=d_1,x_2=d_2,\cdots,x_n=d_n$ 是线性方程组(1-3-1)的解，所以把它们代入线性方程组(1-3-1)中，每个方程都变成了恒等式

$$\begin{cases}a_{11}d_1+a_{12}d_2+\cdots+a_{1j}d_j+\cdots+a_{1n}d_n=b_1\\a_{21}d_1+a_{22}d_2+\cdots+a_{2j}d_j+\cdots+a_{2n}d_n=b_2\\\cdots\cdots\\a_{n1}d_1+a_{n2}d_2+\cdots+a_{nj}d_j+\cdots+a_{nn}d_n=b_n\end{cases}. \tag{1-3-6}$$

在恒等式(1-3-6)中,每一个恒等式依次用 $A_{1j}, A_{2j}, \cdots, A_{nj}$ 乘等式两边,得

$$\begin{cases} a_{11}A_{1j}d_1 + a_{12}A_{1j}d_2 + \cdots + a_{1j}A_{1j}d_j + \cdots + a_{1n}A_{1j}d_n = b_1A_{1j} \\ a_{21}A_{2j}d_1 + a_{22}A_{2j}d_2 + \cdots + a_{2j}A_{2j}d_j + \cdots + a_{2n}A_{2j}d_n = b_2A_{2j} \\ \cdots\cdots \\ a_{n1}A_{nj}d_1 + a_{n2}A_{nj}d_2 + \cdots + a_{nj}A_{nj}d_j + \cdots + a_{nn}A_{nj}d_n = b_nA_{nj} \end{cases}.$$

把上述 n 个恒等式相加,并且利用公式(1-2-2),有

$$0 \cdot d_1 + \cdots + \Delta \cdot d_j + \cdots + 0 \cdot d_n = \Delta_j,$$

即

$$\Delta \cdot d_j = \Delta_j,$$

因为 $\Delta \neq 0$,所以 $d_j = \dfrac{\Delta_j}{\Delta}$. 由于 j 在上述证明中可取 $1, 2, \cdots, n$,于是得:

$$d_1 = \frac{\Delta_1}{\Delta}, d_2 = \frac{\Delta_2}{\Delta}, \cdots, d_n = \frac{\Delta_n}{\Delta},$$

所以线性方程组(1-3-1)的解是唯一的.

注意,用克拉默法则求解含有 n 个方程、n 个未知量的线性方程组,有两个条件必须要满足:

(1)方程组中方程的个数与未知量的个数相等;

(2)方程组的系数行列式不等于零,即 $\Delta \neq 0$.

当一个线性方程组满足上述两个条件时,我们得到结论:此方程组的解存在;此方程组的解唯一;此方程组的解是式(1-3-2).

【例 1-3-1】 解线性方程组

$$\begin{cases} x_1 + x_2 - 3x_3 - 2x_4 = 0, \\ 3x_1 + x_2 - x_4 = 1, \\ 4x_1 - x_2 - 2x_3 + x_4 = 10, \\ -x_1 + 2x_2 + x_3 + x_4 = 8. \end{cases}$$

解 方程组有 4 个方程和 4 个未知量,系数行列式为

$$\Delta = \begin{vmatrix} 1 & 1 & -3 & -2 \\ 3 & 1 & 0 & -1 \\ 4 & -1 & -2 & 1 \\ -1 & 2 & 1 & 1 \end{vmatrix} = 82 \neq 0.$$

根据克拉默法则,此线性方程组有唯一解. 又因为

$$\Delta_1=\begin{vmatrix}0&1&-3&-2\\1&1&0&-1\\10&-1&-2&1\\8&2&1&1\end{vmatrix}=82,\quad \Delta_2=\begin{vmatrix}1&0&-3&-2\\3&1&0&-1\\4&10&-2&1\\-1&8&1&1\end{vmatrix}=246,$$

$$\Delta_3=\begin{vmatrix}1&1&0&-2\\3&1&1&-1\\4&-1&10&1\\-1&2&8&1\end{vmatrix}=-164,\quad \Delta_4=\begin{vmatrix}1&1&-3&0\\3&1&0&1\\4&-1&-2&10\\-1&2&1&8\end{vmatrix}=410,$$

所以，此方程组的解是

$$x_1=\frac{\Delta_1}{\Delta}=1,x_2=\frac{\Delta_2}{\Delta}=3,x_2=\frac{\Delta_3}{\Delta}=-2,x_2=\frac{\Delta_4}{\Delta}=5.$$

1.3.2 运用克拉默法则讨论齐次线性方程组的解

克拉默法则为我们提供了一种新的求解 n 元线性方程组的方法，可是计算过程中要求 $n+1$ 个行列式的值，计算的烦琐程度随未知量的个数的增多而增加，因此，后面还会对方程组的求解方法做进一步的探讨. 那么，克拉默法则还有什么作用呢？下面利用克拉默法则讨论齐次线性方程组的解.

当线性方程组(1-3-1)的常数项 $b_1,b_2,\cdots,b_n$ 全为零时，即

$$\begin{cases}a_{11}x_1+a_{12}x_2+\cdots+a_{1n}x_n=0\\a_{21}x_1+a_{22}x_2+\cdots+a_{2n}x_n=0\\\qquad\cdots\cdots\\a_{n1}x_1+a_{n2}x_2+\cdots+a_{nn}x_n=0\end{cases}. \tag{1-3-7}$$

线性方程组(1-3-7)称为齐次线性方程组.

对于齐次线性方程组(1-3-7)，由于行列式 Δ_j 中第 j 列的元素都是零，所以 $\Delta_j=0$ $(j=1,2,\cdots,n)$. 当线性方程组(1-3-7)的系数行列式 $\Delta\neq0$ 时，根据克拉默法则，线性方程组(1-3-7)的唯一解是

$$x_j=0\quad(j=1,2,\cdots,n).$$

全部由零组成的解叫作**零解**.

于是我们得到一个推论：

推论 1-3-1 如果齐次线性方程组(1-3-7)的系数行列式 $\Delta\neq0$，则它只有唯一零解.

另外，当齐次线性方程组有非零解时，必定有它的系数行列式 $\Delta=0$. 这是齐次线性方

程组有非零解的必要条件.由此我们得到以下定理：

定理 1-3-2 如果齐次线性方程组(1-3-7)有非零解，则它的系数行列式 $\Delta=0$.

关于齐次线性方程组何时有非零解，即齐次线性方程组有非零解的充分条件，非零解如何去求，将会在第 3 章当中详细讨论.

【例 1-3-2】 如果齐次线性方程组

$$\begin{cases}(5-\lambda)x_1+2x_2+2x_3=0\\2x_1+(6-\lambda)x_2=0\\2x_1+(4-\lambda)x_3=0\end{cases}\tag{1-3-8}$$

有非零解，求 λ 的值.

解 方程组的系数行列式为

$$\Delta=\begin{vmatrix}5-\lambda & 2 & 2\\2 & 6-\lambda & 0\\2 & 0 & 4-\lambda\end{vmatrix}=(5-\lambda)(2-\lambda)(8-\lambda).$$

由定理 1-3-2 可知，若齐次线性方程组(1-3-8)有非零解，则它的系数行列式 $\Delta=0$，即

$$(5-\lambda)(2-\lambda)(8-\lambda)=0,$$

解得

$$\lambda=5 \text{ 或 } \lambda=2 \text{ 或 } \lambda=8.$$

习题 1.3

1. 用克拉默法则求解下列线性方程组.

(1) $\begin{cases}2x_1+3x_2+5x_3=2\\x_1+2x_2=5\\3x_2+5x_3=4\end{cases}$；　(2) $\begin{cases}x_1+x_2+x_3=5\\2x_1+x_2-x_3+x_4=1\\x_1+2x_2-x_3+x_4=2\\x_2+2x_3+3x_4=3\end{cases}$.

2. 齐次线性方程组

$$\begin{cases}x_1+x_2+x_3+ax_4=0\\x_1+3x_2+x_3+x_4=0\\x_1+x_2+4x_3+x_4=0\\x_1+x_2+bx_3+bx_4=0\end{cases}.$$

有非零解，那么 a，b 必须满足什么条件？

3. 设 $f(x)$ 为某个二次多项式函数，满足 $f(1)=2$，$f(2)=4$，$f(3)=8$，求 $f(x)$.

行列式的由来

行列式的出现源于线性方程组的求解，它最早是一种速记表达式，现在已经是数学中一种非常有用的工具. 行列式是由莱布尼茨(Leibniz，1646—1716)和日本数学家关孝和(约 1642—1708)发明的. 1693 年 4 月，莱布尼茨在写给洛必达的一封信中使用并给出了行列式，而且给出了方程组的系数行列式为零的条件. 同时代的日本数学家关孝和在其著作《解伏题之法》中也提出了行列式的概念与算法.

1750 年，瑞士数学家克拉默(G. Cramer，1704—1752)在其著作《线性代数分析导引》中，对行列式的定义和展开法则给出了比较完整、明确的阐述，并给出了现在我们所称的解线性方程组的克拉默法则. 数学家贝祖(E. Bezout，1730—1783)将确定行列式每一项符号的方法进行了系统化，利用系数行列式概念指出了如何判断一个齐次线性方程组有非零解.

在行列式的发展史上，第一个对行列式理论做出连贯逻辑的阐述，即把行列式理论与线性方程组求解相分离的人，是法国数学家范德蒙德(A. T. Vandermonde，1735—1796). 范德蒙德自幼在父亲的指导下学习音乐，但对数学有浓厚的兴趣. 他给出了一个用二阶子式和它们的余子式来展开行列式的法则. 这一点对于行列式本身来说，他是这门理论的奠基人.

在行列式的理论方面，又一位做出突出贡献的是法国数学家柯西(A. L. Cauchy，1789—1857). 1815 年，柯西在一篇论文中给出了行列式的第一个系统的处理. 其中主要结果之一是行列式的乘法定理. 另外，他把行列式的元素排成方阵，采用双足标记法；引进了行列式特征方程的术语；给出了相似行列式的概念；改进了拉普拉斯的行列式展开定理等.

19 世纪，对行列式的理论研究始终不渝的作者之一是詹姆斯 · 西尔维斯特(J. Sylvester，1814—1897). 他的重要成就之一是改进了从一个 n 次和一个 m 次的多项式中消去 x 的方法，他称之为配析法.

德国数学家雅可比(C. Jacobi,1804—1851),引进了函数行列式,即"雅可比行列式",指出函数行列式在多重积分的变量替换中的作用,给出了函数行列式的导数公式.雅可比的著名论文《论行列式的形成与性质》标志着行列式系统理论的建成.行列式在数学分析、几何学、线性方程组理论、二次型理论等多方面的应用,促使行列式理论在19世纪得到了很大的发展.整个19世纪都有行列式的新成果.除了一般行列式的大量定理之外,还有许多有关特殊行列式的其他定理都相继得出.

总复习题 1

一、选择题

1. 已知行列式 $D=\begin{vmatrix} a & b & 0 \\ b & a & 0 \\ 1 & 0 & 1 \end{vmatrix}=0$,则 a,b 满足(　　).

A. $a=b$ 或 $a=-b$　　B. $a=2b$ 且 $b\neq 0$

C. $a=2b$ 且 $a\neq 0$　　D. $a=1$ 且 $b=\frac{1}{2}$

2. 若 $\begin{vmatrix} a_1 & a_2 & a_3 \\ b_1 & b_2 & b_3 \\ c_1 & c_2 & c_3 \end{vmatrix}=m$,则 $\begin{vmatrix} a_1 & 2c_1-5b_1 & 3b_1 \\ b_1 & 2c_2-5b_2 & 3b_2 \\ c_1 & 2c_3-5b_3 & 3b_3 \end{vmatrix}=$(　　).

A. $30m$　　B. $-15m$　　C. $6m$　　D. $-6m$

3. 已知 $D=\begin{vmatrix} x & 1 & 1 & 1 \\ 1 & 2x & 3 & 4 \\ 1 & 3 & -x & 1 \\ 1 & 4 & x & 3x \end{vmatrix}$,则 x^4 的系数和常数项分别为(　　)。

A. 6,16　　B. −6,6　　C. 6,6　　D. −6,−6

4. $D=\begin{vmatrix} a_1 & 0 & 0 & b_1 \\ 0 & a_2 & b_2 & 0 \\ 0 & b_3 & a_3 & 0 \\ b_4 & 0 & 0 & a_4 \end{vmatrix}=$(　　).

A. $a_1a_2a_3a_4-b_1b_2b_3b_4$　　B. $a_1a_2a_3a_4+b_1b_2b_3b_4$

C. $(a_1a_2-b_1b_2)(a_3a_4-b_3b_4)$　　D. $(a_1a_2-b_1b_2)(a_3a_4-b_3b_4)$

二、填空题

1. 已知行列式 $\begin{vmatrix}1&4&7\\2&5&8\\3&6&10\end{vmatrix}$，$A_{ij}$ 为 (i,j) 元的代数余子式，则 $A_{11}+A_{12}+A_{13}=$________.

2. 行列式 $\begin{vmatrix}1&a&0&0\\-1&2-a&a&0\\0&-2&3-a&a\\0&0&-3&4-a\end{vmatrix}=$________.

3. 设 $f(x)=\begin{vmatrix}1&0&x\\1&2&x^2\\1&3&x^3\end{vmatrix}$，$f(x+1)-f(x)=$________.

4. 已知 $\begin{vmatrix}\lambda-17&2&-7\\2&\lambda-14&4\\2&4&\lambda-14\end{vmatrix}=0$，则 $\lambda=$________.

三、计算题

1. 计算下列二阶行列式.

(1) $\begin{vmatrix}\lambda-a&-b\\-c&\lambda-d\end{vmatrix}$；　　(2) $\begin{vmatrix}x-1&x\\1&x^2+x+1\end{vmatrix}$.

2. 计算行列式 $\begin{vmatrix}2&1&0&0\\1&2&1&0\\0&1&2&1\\0&0&1&2\end{vmatrix}$.

3. 计算行列式 $\begin{vmatrix}x&-1&0&0&0\\0&x&-1&0&0\\0&0&x&-1&0\\0&0&0&x&-1\\a_0&a_1&a_2&a_3&a_4\end{vmatrix}$.

4. 已知下列线性方程组有非零解，求 λ 的值.

$$\begin{cases}(1-\lambda)x_1-2x_2+4x_3=0\\2x_1+(3-\lambda)x_2+x_3=0\\x_1+x_2+(1-\lambda)x_3=0\end{cases}.$$

第2章

矩 阵

矩阵是线性代数的主要研究工具和基本研究对象之一.通过矩阵的运算,可以方便地解决许多线性代数问题,在线性方程组的求解中就有体现.本章介绍矩阵的基本概念、基本运算,逆矩阵的概念与计算,以及分块矩阵的运算规则等,同时也通过矩阵方程进一步探讨了线性方程组的解法.

2.1 矩阵的概念

定义 2-1-1 对任意正整数 m 和 n,由 $m\times n$ 个数排成的 m 行 n 列的表

$$\begin{matrix} a_{11} & a_{12} & \cdots & a_{1n} \\ a_{21} & a_{22} & \cdots & a_{2n} \\ \vdots & \vdots & & \vdots \\ a_{m1} & a_{m2} & \cdots & a_{m1} \end{matrix}$$

称为 m 行 n 列矩阵,简称 $m\times n$ **矩阵**,记作

$$\boldsymbol{A}=\begin{bmatrix} a_{11} & a_{12} & \cdots & a_{1n} \\ a_{21} & a_{22} & \cdots & a_{2n} \\ \vdots & \vdots & & \vdots \\ a_{m1} & a_{m2} & \cdots & a_{m1} \end{bmatrix},$$

这 $m\times n$ 个数称为矩阵 $\boldsymbol{A}$ 的元素,简称元,数 a_{ij} 位于矩阵 $\boldsymbol{A}$ 的第 i 行第 j 列,称为矩阵 $\boldsymbol{A}$ 的 (i,j) 元.以数 a_{ij} 为 (i,j) 元的矩阵可简记作 $(a_{ij})_{m\times n}$.

元素是实数的矩阵称为实矩阵,元素是复数的矩阵称为复矩阵,本书讨论的矩阵除特别说明外,均指实矩阵.

【**例 2-1-1**】如图 2-1-1 所示,在平面直角坐标系 xOy 中,把点 $P(x,y)$ 绕原点沿逆时针方向旋转 $120°$ 得到点 $P'(x',y')$,则两点的坐标关系为

$$\begin{cases} x'=-\dfrac{1}{2}x-\dfrac{\sqrt{3}}{2}y, \\ y'=\dfrac{\sqrt{3}}{2}x-\dfrac{1}{2}y, \end{cases} \tag{2-1-1}$$

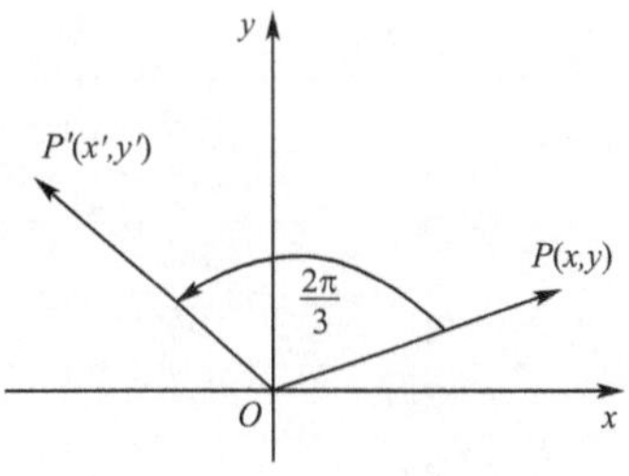

图 2-1-1

称式(2-1-1)为坐标变换公式.容易看出,此坐标变换公式完全由式中的系数及其排列顺序所确定,于是可将这些系数简记为矩阵

$$\boldsymbol{R}=\begin{bmatrix} -\dfrac{1}{2} & -\dfrac{\sqrt{3}}{2} \\ \dfrac{\sqrt{3}}{2} & -\dfrac{1}{2} \end{bmatrix}.$$

【例 2-1-2】 考虑非齐次线性方程组

$$\begin{cases} x_1+x_3=1, \\ x_1+x_2=1, \\ x_2+x_3=1, \end{cases} \tag{2-1-2}$$

方程组中未知数的系数及常数项按其在方程组中的顺序可构成矩阵

$$\boldsymbol{B}=\begin{bmatrix} 1 & 0 & 1 & 1 \\ 1 & 1 & 0 & 1 \\ 0 & 1 & 1 & 1 \end{bmatrix}$$

其中 $\boldsymbol{B}$ 的(1,2)元素为 0,是因为方程组(2-1-2)中第一个方程可理解为 $x_1+0x_2+x_3=1$.此矩阵称为方程组(2-1-2)的增广矩阵,利用它可以方便地求方程组的解.

例如,$\begin{cases} x_1-x_2+x_3=2 \\ -x_1+x_2+x_3=0 \end{cases}$ 为三元一次非齐次线性方程组,其系数矩阵为 $\boldsymbol{A}=\begin{bmatrix} 1 & -1 & 1 \\ -1 & 1 & 1 \end{bmatrix}$,增广矩阵为$(\boldsymbol{A} \mid \boldsymbol{B})=\begin{bmatrix} 1 & -1 & 1 & 2 \\ -1 & 1 & 1 & 0 \end{bmatrix}$.

又例如 $\begin{cases} 2x_1-x_2+x_3+x_4=3 \\ x_1+3x_2+x_3-x_4=2 \\ -x_1+x_2+x_3+3x_4=4 \end{cases}$,其增广矩阵为

$$(\boldsymbol{A} \mid \boldsymbol{B})=\begin{bmatrix} 2 & -1 & 1 & 1 & 3 \\ 1 & 3 & 1 & -1 & 2 \\ -1 & 1 & 1 & 3 & 4 \end{bmatrix}.$$

【例 2-1-3】 表 2-1-1 给出了五名学生在一次考试中六门课程的成绩.

表 2-1-1　　学生成绩统计表

	语文	数学	英语	物理	经济	地理
王一	85	100	60	83	68	90
孟二	100	70	94	72	78	75
唐三	95	65	71	64	67	100
李四	97	92	91	89	79	92
张五	83	65	74	69	100	77

将五名学生从上到下依次编号为 $i(i=1,2,\cdots,5)$，六门课程从左到右依次编号为 $j(j=1,2,\cdots,6)$，并以 S_{ij} 表示编号为 i 的学生的第 j 门课程的成绩，则有

$$\boldsymbol{S}=(S_{ij})_{5\times 6}=\begin{bmatrix} 85 & 100 & 60 & 83 & 68 & 90 \\ 100 & 70 & 94 & 72 & 78 & 75 \\ 95 & 65 & 71 & 64 & 67 & 100 \\ 97 & 92 & 91 & 89 & 79 & 92 \\ 83 & 65 & 74 & 69 & 100 & 77 \end{bmatrix}$$

利用它可以方便地讨论考试成绩.

定义 2-1-2　$1\times n$ 矩阵称为**行矩阵**(**行向量**)，$n\times 1$ 矩阵称为**列矩阵**(**列向量**). 行(列)矩阵常用小写黑体英文字母或希腊字母表示. 例如

$$\boldsymbol{\alpha}=[a_1,a_2,\cdots,a_n],\boldsymbol{\beta}=\begin{bmatrix} b_1 \\ b_2 \\ \vdots \\ b_m \end{bmatrix}.$$

定义 2-1-3　行数与列数相等的矩阵称为**方阵**，n 行 n 列的方阵称为 n 阶方阵. 例如，例 2-1-1 中的 $\boldsymbol{R}$ 为 2 阶方阵.

定义 2-1-4　主对角线上的所有元素都是 1，其他元素都是零的 n 阶方阵称为**单位矩阵**，记作 $\boldsymbol{E}_n$ 或 $\boldsymbol{E}$，即

$$\boldsymbol{E}=\begin{bmatrix} 1 & 0 & \cdots & 0 \\ 0 & 1 & \cdots & 0 \\ \vdots & \vdots & & \vdots \\ 0 & 0 & \cdots & 1 \end{bmatrix}.$$

定义 2-1-5　所有元素全为零的矩阵称为**零矩阵**. 用 $\boldsymbol{O}$ 表示.

2.2 矩阵的运算及其性质

2.2.1 矩阵的加(减)法运算

定义 2-2-1　设 $\boldsymbol{A}=(a_{ij})$，$\boldsymbol{B}=(b_{ij})$ 都是 $m\times n$ 矩阵(此时称这两个矩阵为**同型矩阵**). 若 $a_{ij}=b_{ij}(i=1,2,\cdots,m;j=1,2,\cdots,n)$，则称矩阵 $\boldsymbol{A}$ 与 $\boldsymbol{B}$ **相等**，记作 $\boldsymbol{A}=\boldsymbol{B}$.

定义 2-2-2　设有两个矩阵 $\boldsymbol{A}=(a_{ij})_{m\times n}$ 与 $\boldsymbol{B}=(b_{ij})_{m\times n}$，那么矩阵 $\boldsymbol{A}$ 与 $\boldsymbol{B}$ 的和记作 $\boldsymbol{A}+\boldsymbol{B}$，规定为

$$\boldsymbol{A}+\boldsymbol{B}=\begin{bmatrix} a_{11}+b_{11} & a_{12}+b_{12} & \cdots & a_{1n}+b_{1n} \\ a_{21}+b_{21} & a_{22}+b_{22} & \cdots & a_{2n}+b_{2n} \\ \vdots & \vdots & & \vdots \\ a_{m1}+b_{m1} & a_{m2}+b_{m2} & \cdots & a_{mn}+b_{mn} \end{bmatrix}.$$

当两个矩阵 $\boldsymbol{A}$ 与 $\boldsymbol{B}$ 的行数与列数分别相等时，称它们是同型矩阵. 只有当两个矩阵是同型矩阵时，它们才可以相加.

由定义 2-2-2 知矩阵的加法满足下列运算律(设矩阵 $\boldsymbol{A}$、$\boldsymbol{B}$ 与 $\boldsymbol{C}$ 为同型矩阵)：

(1)交换律　$\boldsymbol{A}+\boldsymbol{B}=\boldsymbol{B}+\boldsymbol{A}$

(2)结合律　$(\boldsymbol{A}+\boldsymbol{B})+\boldsymbol{C}=\boldsymbol{A}+(\boldsymbol{B}+\boldsymbol{C})$

设 $\boldsymbol{A}=(a_{ij})_{m\times n}$，记

$$-\boldsymbol{A}=(-a_{ij})_{m\times n},$$

$-\boldsymbol{A}$ 称为矩阵 $\boldsymbol{A}$ 的**负矩阵**，显然有

$$\boldsymbol{A}+(-\boldsymbol{A})=\boldsymbol{O}.$$

由此定义矩阵的减法为

$$\boldsymbol{A}-\boldsymbol{B}=\boldsymbol{A}+(-\boldsymbol{B}).$$

【例 2-2-1】　已知矩阵

$$\boldsymbol{A}=\begin{bmatrix} 1 & 2 & -3 \\ 0 & 4 & 7 \end{bmatrix},B=\begin{bmatrix} 5 & 2 & -1 \\ 6 & 0 & 1 \end{bmatrix},$$

求 $\boldsymbol{A}+\boldsymbol{B}$，$\boldsymbol{A}-\boldsymbol{B}$.

解　$\boldsymbol{A}+\boldsymbol{B}=\begin{bmatrix} 1+5 & 2+2 & -3+(-1) \\ 0+6 & 4+0 & 7+0 \end{bmatrix}=\begin{bmatrix} 6 & 4 & -4 \\ 6 & 4 & 7 \end{bmatrix}$，

$$A-B=\begin{bmatrix}1-5 & 2-2 & -3-(-1)\\ 0-6 & 4-0 & 7-1\end{bmatrix}=\begin{bmatrix}-4 & 0 & -2\\ -6 & 4 & 6\end{bmatrix}.$$

2.2.2 矩阵的数乘运算

定义 2-2-3　设有矩阵 $\boldsymbol{A}=(a_{ij})_{m\times n}$ 与任意一个数 λ，那么规定 $\boldsymbol{A}$ 与数 λ 的乘积记作

$$\lambda\boldsymbol{A}=\begin{bmatrix}\lambda a_{11} & \lambda a_{12} & \cdots & \lambda a_{1n}\\ \lambda a_{21} & \lambda a_{22} & \cdots & \lambda a_{2n}\\ \vdots & \vdots & & \vdots\\ \lambda a_{m1} & \lambda a_{m2} & \cdots & \lambda a_{mn}\end{bmatrix}$$

由定义 2-2-3 知矩阵的数乘运算满足下列运算律：

(1)交换律　$(\lambda\mu)\boldsymbol{A}=\lambda(\mu\boldsymbol{A})=\mu(\lambda\boldsymbol{A})$

(2)分配律　$\lambda(\boldsymbol{A}+\boldsymbol{B})=\lambda\boldsymbol{A}+\lambda\boldsymbol{B}$，$(\lambda+\mu)\boldsymbol{A}=\lambda\boldsymbol{A}+\mu\boldsymbol{A}$

【例 2-2-2】　设 $\boldsymbol{A}=\begin{bmatrix}2 & 4 & 1\\ 3 & 5 & -2\end{bmatrix}$，求 $2\boldsymbol{A}$.

解　$2\boldsymbol{A}=\begin{bmatrix}2\times2 & 2\times4 & 2\times1\\ 2\times3 & 2\times5 & 2\times(-2)\end{bmatrix}=\begin{bmatrix}4 & 8 & 2\\ 6 & 10 & -4\end{bmatrix}$.

【例 2-2-3】　求矩阵 $\boldsymbol{X}$，使 $2\boldsymbol{A}-3\boldsymbol{X}=\boldsymbol{B}$，其中

$$\boldsymbol{A}=\begin{bmatrix}-1 & 2 & 1 & 4\\ 0 & -3 & 1 & 5\\ 2 & 4 & 3 & 0\end{bmatrix},\quad \boldsymbol{B}=\begin{bmatrix}1 & 1 & -4 & 2\\ 3 & -9 & -7 & 1\\ -2 & -1 & -3 & -6\end{bmatrix}.$$

解　在方程 $2\boldsymbol{A}-3\boldsymbol{X}=\boldsymbol{B}$ 两边同时加 $3\boldsymbol{X}$，然后再在两边同时减 $\boldsymbol{B}$，再在两边同时乘以 $\frac{1}{3}$，可得

$$\boldsymbol{X}=\frac{1}{3}(2\boldsymbol{A}-\boldsymbol{B})=\frac{1}{3}\left(2\begin{bmatrix}-1 & 2 & 1 & 4\\ 0 & -3 & 1 & 5\\ 2 & 4 & 3 & 0\end{bmatrix}-\begin{bmatrix}1 & 1 & -4 & 2\\ 3 & -9 & -7 & 1\\ -2 & -1 & -3 & -6\end{bmatrix}\right)$$

$$=\frac{1}{3}\begin{bmatrix}-2-1 & 4-1 & 2+4 & 8-2\\ 0-3 & -6+9 & 2+7 & 10-1\\ 4+2 & 8+1 & 6+3 & 0+6\end{bmatrix}=\frac{1}{3}\begin{bmatrix}-3 & 3 & 6 & 6\\ -3 & 3 & 9 & 9\\ 6 & 9 & 9 & 6\end{bmatrix}$$

$$=\begin{bmatrix}-1 & 1 & 2 & 2\\ -1 & 1 & 3 & 3\\ 2 & 3 & 3 & 2\end{bmatrix}.$$

2.2.3 矩阵的乘法运算

定义 2-2-4 设有两个矩阵 $\boldsymbol{A}=(a_{ij})_{m\times s}$ 与 $\boldsymbol{B}=(b_{ij})_{s\times n}$，那么规定矩阵 $\boldsymbol{A}$ 与 $\boldsymbol{B}$ 的乘积是一个 $m\times n$ 矩阵 $\boldsymbol{C}=(c_{ij})_{m\times n}$，其中

$$c_{ij}=a_{i1}b_{1j}+a_{i2}b_{2j}+\cdots+a_{is}b_{sj}=\sum_{k=1}^{s}a_{ik}b_{kj}\,(i=1,2,\cdots,m;j=1,2,\cdots,n).$$

由定义可知，矩阵 $\boldsymbol{A}$ 的列数与 $\boldsymbol{B}$ 的行数相等时，两个矩阵才能相乘. $\boldsymbol{C}=(c_{ij})_{m\times n}$ 的第 i 行第 j 列元素等于矩阵 $\boldsymbol{A}$ 的第 i 行与矩阵 $\boldsymbol{B}$ 的第 j 列对应元素乘积之和.

【例 2-2-4】 设 $\boldsymbol{A}=\begin{bmatrix}1&2\\3&-1\\0&4\end{bmatrix}$，$\boldsymbol{B}=\begin{bmatrix}2&3\\4&1\end{bmatrix}$，求 $\boldsymbol{AB}$.

解 $$\boldsymbol{AB}=\begin{bmatrix}1&2\\3&-1\\0&4\end{bmatrix}\begin{bmatrix}2&3\\4&1\end{bmatrix}=\begin{bmatrix}1\times2+2\times4&1\times3+2\times1\\3\times2+(-1)\times4&3\times3+(-1)\times1\\0\times2+4\times4&0\times3+4\times1\end{bmatrix}=\begin{bmatrix}10&5\\2&8\\16&4\end{bmatrix}.$$

【例 2-2-5】 设 $\boldsymbol{A}=\begin{bmatrix}1&2&1\end{bmatrix}$，$\boldsymbol{B}=\begin{bmatrix}2\\1\\2\end{bmatrix}$，求 $\boldsymbol{AB}$，$\boldsymbol{BA}$.

解 $$\boldsymbol{AB}=\begin{bmatrix}1&2&1\end{bmatrix}\begin{bmatrix}2\\1\\2\end{bmatrix}=\begin{bmatrix}1\times2+2\times1+1\times2\end{bmatrix}=32.$$

$$\boldsymbol{BA}=\begin{bmatrix}2\\1\\2\end{bmatrix}\begin{bmatrix}1&2&1\end{bmatrix}=\begin{bmatrix}2\times1&2\times2&2\times1\\1\times1&1\times2&1\times1\\2\times1&2\times2&2\times1\end{bmatrix}=\begin{bmatrix}2&4&2\\1&2&1\\2&4&2\end{bmatrix}.$$

由上例可知矩阵的乘法不满足交换律，但仍然满足下列结合律和分配律(假设运算都是可行的)：

(1)结合律 $(\boldsymbol{AB})\boldsymbol{C}=\boldsymbol{A}(\boldsymbol{BC})$；$\lambda(\boldsymbol{AB})=(\lambda\boldsymbol{A})\boldsymbol{B}=\boldsymbol{A}(\lambda\boldsymbol{B})$，$\lambda$ 是任意实数；

(2)分配律 $(\boldsymbol{A}+\boldsymbol{B})\boldsymbol{C}=\boldsymbol{AC}+\boldsymbol{BC}$.

【例 2-2-6】 设 $\boldsymbol{A}=\begin{bmatrix}-2&4\\1&-2\end{bmatrix}$，$\boldsymbol{B}=\begin{bmatrix}2&4\\-3&-6\end{bmatrix}$，$\boldsymbol{C}=\begin{bmatrix}-4&2\\2&-1\end{bmatrix}$，求 $\boldsymbol{AB}$，$\boldsymbol{BA}$，$\boldsymbol{BC}$.

解 按矩阵的乘法运算定义，有

$$\boldsymbol{AB}=\begin{bmatrix}-2&4\\1&-2\end{bmatrix}\begin{bmatrix}2&4\\-3&-6\end{bmatrix}=\begin{bmatrix}-16&-32\\8&16\end{bmatrix},$$

$$BA=\begin{bmatrix}2&4\\-3&-6\end{bmatrix}\begin{bmatrix}-2&4\\1&-2\end{bmatrix}=\begin{bmatrix}0&0\\0&0\end{bmatrix},$$

$$BC=\begin{bmatrix}2&4\\-3&-6\end{bmatrix}\begin{bmatrix}-4&2\\2&-1\end{bmatrix}=\begin{bmatrix}0&0\\0&0\end{bmatrix}.$$

通过以上计算我们可以看到，矩阵 $\boldsymbol{A}$ 和 $\boldsymbol{B}$ 如果可以相乘和交换相乘，也未必有 $\boldsymbol{AB}=\boldsymbol{BA}$. 另外，$\boldsymbol{BA}$ 为零矩阵，即 $\boldsymbol{BA}=\boldsymbol{O}$，而 $\boldsymbol{A}$ 和 $\boldsymbol{B}$ 都不是零矩阵，所以实数运算中"两数乘积等于零，则这两数至少有一个是零"的规律在矩阵乘积运算中是不成立的. 我们还看到 $\boldsymbol{BA}=\boldsymbol{BC}$，而 $\boldsymbol{A}\neq\boldsymbol{C}$，所以实数运算中的"如果 $ab=0$，则 $a=0$ 或 $b=0$"的结论在矩阵运算中也是不成立的.

对于两个 n 阶方阵 $\boldsymbol{A}$、$\boldsymbol{B}$，若 $\boldsymbol{AB}=\boldsymbol{BA}$，则称方阵 $\boldsymbol{A}$ 与 $\boldsymbol{B}$ 是可交换的.

有了矩阵的乘法，下面我们定义矩阵的幂. 设 $\boldsymbol{A}=(a_{ij})_{n\times n}$，定义

$$\boldsymbol{A}^1=\boldsymbol{A},\boldsymbol{A}^2=\boldsymbol{A}^1\boldsymbol{A}^1,\cdots,\boldsymbol{A}^{k+1}=\boldsymbol{A}^k\boldsymbol{A}^1,$$

其中 k 为正整数，即 $\boldsymbol{A}^k$ 是 k 个 $\boldsymbol{A}$ 连乘，显然 $\boldsymbol{A}$ 必须是方阵.

思考 根据矩阵运算的特点，请判断以下关系是否成立？

$$(\boldsymbol{A}+\boldsymbol{B})^2=\boldsymbol{A}^2+2\boldsymbol{AB}+\boldsymbol{B}^2,$$

$$(\boldsymbol{A}-\boldsymbol{B})^2=\boldsymbol{A}^2-2\boldsymbol{AB}+\boldsymbol{B}^2,$$

$$(\boldsymbol{A}+\boldsymbol{B})(\boldsymbol{A}-\boldsymbol{B})=\boldsymbol{A}^2-\boldsymbol{B}^2.$$

如果 $\boldsymbol{A}$ 与 $\boldsymbol{B}$ 是可交换的，上述关系是否成立？

2.2.4 矩阵的转置

定义 2-2-5 将矩阵 $\boldsymbol{A}=(a_{ij})_{m\times n}$ 的行与列互换，得到的矩阵称为矩阵 $\boldsymbol{A}$ 的转置矩阵，记作 $\boldsymbol{A}^{\mathrm{T}}$. 即

$$\boldsymbol{A}=\begin{bmatrix}a_{11}&a_{12}&\cdots&a_{1n}\\a_{21}&a_{22}&\cdots&a_{2n}\\\vdots&\vdots&&\vdots\\a_{m1}&a_{m2}&\cdots&a_{mn}\end{bmatrix},\boldsymbol{A}^{\mathrm{T}}=\begin{bmatrix}a_{11}&a_{21}&\cdots&a_{m1}\\a_{12}&a_{22}&\cdots&a_{m2}\\\vdots&\vdots&&\vdots\\a_{1n}&a_{2n}&\cdots&a_{mn}\end{bmatrix}.$$

对于矩阵的转置，有以下运算律：

(1) $(\boldsymbol{A}^{\mathrm{T}})^{\mathrm{T}}=\boldsymbol{A}$；

(2) $(\boldsymbol{A}+\boldsymbol{B})^{\mathrm{T}}=\boldsymbol{A}^{\mathrm{T}}+\boldsymbol{B}^{\mathrm{T}}$；

(3) $(k\boldsymbol{A})^{\mathrm{T}}=k\boldsymbol{A}^{\mathrm{T}}$；

(4) $(\boldsymbol{AB})^{\mathrm{T}}=\boldsymbol{B}^{\mathrm{T}}\boldsymbol{A}^{\mathrm{T}}$.

【例 2-2-7】 设 $\boldsymbol{A}=\begin{bmatrix}1&1&0\\-1&2&3\\0&3&2\end{bmatrix}$，$\boldsymbol{B}=\begin{bmatrix}1&2\\3&2\\1&-1\end{bmatrix}$，求 $(\boldsymbol{AB})^{\mathrm{T}}$，$\boldsymbol{B}^{\mathrm{T}}\boldsymbol{A}^{\mathrm{T}}$.

解 因为 $\boldsymbol{AB}=\begin{bmatrix}4&4\\8&-1\\11&4\end{bmatrix}$，所以 $(\boldsymbol{AB})^{\mathrm{T}}=\begin{bmatrix}4&8&11\\4&-1&4\end{bmatrix}$.

$$\boldsymbol{B}^{\mathrm{T}}\boldsymbol{A}^{\mathrm{T}}=\begin{bmatrix}1&3&1\\2&2&-1\end{bmatrix}\begin{bmatrix}1&-1&0\\1&2&3\\0&3&2\end{bmatrix}=\begin{bmatrix}4&8&11\\4&-1&4\end{bmatrix}.$$

定义 2-2-6 设 n 阶方阵 $\boldsymbol{A}=(a_{ij})_{n\times n}$，如果 $\boldsymbol{A}^{\mathrm{T}}=\boldsymbol{A}$，即 $a_{ij}=a_{ji}(i,j=1,2,\cdots,n)$，则称 $\boldsymbol{A}$ 为**对称矩阵**.

定义 2-2-7 设 n 阶方阵 $\boldsymbol{A}=(a_{ij})_{n\times n}$，如果 $\boldsymbol{A}^{\mathrm{T}}=-\boldsymbol{A}$，即 $a_{ij}=-a_{ji}(i,j=1,2,\cdots,n)$，则称 $\boldsymbol{A}$ 为**反对称矩阵**.

2.2.5 方阵的行列式

定义 2-2-8 设 n 阶方阵

$$\boldsymbol{A}=\begin{bmatrix}a_{11}&a_{12}&\cdots&a_{1n}\\a_{21}&a_{22}&\cdots&a_{2n}\\\vdots&\vdots&&\vdots\\a_{n1}&a_{n2}&\cdots&a_{nn}\end{bmatrix},$$

则称矩阵 $\boldsymbol{A}$ 对应的行列式

$$\begin{vmatrix}a_{11}&a_{12}&\cdots&a_{1n}\\a_{21}&a_{22}&\cdots&a_{2n}\\\vdots&\vdots&&\vdots\\a_{n1}&a_{n2}&\cdots&a_{nn}\end{vmatrix}$$

为方阵 $\boldsymbol{A}$ 的行列式，记为 $\det\boldsymbol{A}$ 或者 $|\boldsymbol{A}|$. 另外，当 $|\boldsymbol{A}|\neq 0$ 时，称 $\boldsymbol{A}$ 为**非奇异矩阵**；当 $|\boldsymbol{A}|=0$ 时，称 $\boldsymbol{A}$ 为**奇异矩阵**.

利用行列式的性质，还可得方阵行列式的下列性质（$\boldsymbol{A}$，$\boldsymbol{B}$ 都是 n 阶方阵）：

(1) $|k\boldsymbol{A}|=k^n|\boldsymbol{A}|$；

(2) $|\boldsymbol{AB}|=|\boldsymbol{A}||\boldsymbol{B}|$.

【例 2-2-8】 设 $A=\begin{bmatrix}2&3&4\\0&1&2\\0&0&-3\end{bmatrix}$，$B=\begin{bmatrix}1&10&-5\\0&2&3\\0&0&4\end{bmatrix}$，求 $|AB|$，$|A+B|$，$|A|+|B|$，$|3A|$.

解 根据三角行列式的计算特点可得 $|A|=-6$，$|B|=8$，

$$|AB|=|A||B|=-6\times 8=-48,$$

$$|A+B|=\begin{vmatrix}3&13&-1\\0&3&5\\0&0&1\end{vmatrix}=3\times 3\times 1=9,$$

$$|A|+|B|=-6+8=2,$$

$$|3A|=27|A|=-162.$$

习题 2.2

1. 设 $A=\begin{bmatrix}1&2&3&4\\0&-1&5&2\\2&3&1&0\end{bmatrix}$，$B=\begin{bmatrix}0&2&1&3\\4&1&0&2\\0&-3&2&5\end{bmatrix}$，求 $A+B$，$2A+3B$.

2. 求解下列矩阵的乘积

(1) $\begin{bmatrix}2\\1\\3\end{bmatrix}\begin{bmatrix}1&3&2\end{bmatrix}$； (2) $\begin{bmatrix}1&3&2\end{bmatrix}\begin{bmatrix}2\\1\\3\end{bmatrix}$；

(3) $\begin{bmatrix}1&0&3\\0&2&3\\2&1&1\end{bmatrix}\begin{bmatrix}2&1\\4&3\\7&9\end{bmatrix}$； (4) $\begin{bmatrix}1&1&0\\0&1&1\\0&0&1\end{bmatrix}^3$；

(5) $[x_1,x_2,x_3]\begin{bmatrix}1&0&2\\0&2&3\\2&3&1\end{bmatrix}\begin{bmatrix}x_1\\x_2\\x_3\end{bmatrix}$.

3. 设 $A=\begin{bmatrix}2&1&-2\\0&3&1\end{bmatrix}$，$B=\begin{bmatrix}1&0&2\\1&-1&2\end{bmatrix}$，$C=\begin{bmatrix}-1&1&2\\2&3&-3\\1&0&2\end{bmatrix}$，求 $AC-BC$.

4. 已知 $A=\begin{bmatrix}2&1\\-1&3\end{bmatrix}$，$B=\begin{bmatrix}3&4\\2&1\end{bmatrix}$，求满足方程 $2A-3X=2B$ 中的 X.

5. 设 $\boldsymbol{A}=\begin{bmatrix}1 & -1 & 1\\0 & 1 & 2\\1 & 2 & 3\end{bmatrix}$，$\boldsymbol{B}=\begin{bmatrix}1 & 2\\2 & -1\\0 & 1\end{bmatrix}$，求 $(\boldsymbol{AB})^{\mathrm{T}}$，$\boldsymbol{B}^{\mathrm{T}}\boldsymbol{A}^{\mathrm{T}}$.

6. 设 $\boldsymbol{A}=\begin{bmatrix}-1 & 3 & 2\\0 & 2 & 4\\0 & 0 & 5\end{bmatrix}$，$\boldsymbol{B}=\begin{bmatrix}2 & 5 & 3\\0 & 4 & 1\\0 & 0 & 1\end{bmatrix}$，求 $|\boldsymbol{AB}|$，$|\boldsymbol{A}+\boldsymbol{B}|$，$|\boldsymbol{A}|+|\boldsymbol{B}|$，$|3\boldsymbol{A}|$.

2.3 逆矩阵

2.3.1 逆矩阵定义

解一元线性方程组 $ax=b$，当 $a\neq 0$ 时，存在一个数 a^{-1}，使 $x=a^{-1}b$ 为方程的解，那么在解矩阵方程 $\boldsymbol{AX}=\boldsymbol{b}$ 时，是否也存在一个矩阵，使 $\boldsymbol{X}$ 等于这个矩阵左乘 $\boldsymbol{b}$，这是我们要讨论的逆矩阵中的一个问题.

逆矩阵在矩阵理论和应用中都起着重要的作用.

定义 2-3-1 对于 n 阶方阵 $\boldsymbol{A}$，如果存在 n 阶方阵 $\boldsymbol{B}$，使得

$$\boldsymbol{AB}=\boldsymbol{BA}=\boldsymbol{E}$$

$\boldsymbol{E}$ 是 n 阶单位矩阵，那么矩阵 $\boldsymbol{A}$ 称为**可逆矩阵**，简称 $\boldsymbol{A}$ 可逆，并称 $\boldsymbol{B}$ 为 $\boldsymbol{A}$ 的**逆矩阵**.

定理 2-3-1 如果 $\boldsymbol{A}$ 可逆，则 $\boldsymbol{A}$ 的逆矩阵是唯一的.

证明 如果有 $\boldsymbol{B}$ 和 $\boldsymbol{B}_1$ 都是 $\boldsymbol{A}$ 的逆矩阵，则有

$$\boldsymbol{AB}=\boldsymbol{BA}=\boldsymbol{E},\boldsymbol{AB}_1=\boldsymbol{B}_1\boldsymbol{A}=\boldsymbol{E},$$

那么

$$\boldsymbol{B}=\boldsymbol{BE}=\boldsymbol{B}(\boldsymbol{AB}_1)=(\boldsymbol{BA})\boldsymbol{B}_1=\boldsymbol{EB}_1=\boldsymbol{B}_1,$$

即 $\boldsymbol{A}$ 的逆矩阵是唯一的.

我们把矩阵 $\boldsymbol{A}$ 的逆矩阵记作 $\boldsymbol{A}^{-1}$.

例如，矩阵 $\boldsymbol{A}=\begin{bmatrix}1 & 2\\0 & 1\end{bmatrix}$，存在矩阵 $\boldsymbol{B}=\begin{bmatrix}1 & -2\\0 & 1\end{bmatrix}$

使得

$$\boldsymbol{AB}=\begin{bmatrix}1 & 2\\0 & 1\end{bmatrix}\begin{bmatrix}1 & -2\\0 & 1\end{bmatrix}=\begin{bmatrix}1 & 0\\0 & 1\end{bmatrix}=\boldsymbol{E}$$

$$BA=\begin{bmatrix}1 & -2\\0 & 1\end{bmatrix}\begin{bmatrix}1 & 2\\0 & 1\end{bmatrix}=\begin{bmatrix}1 & 0\\0 & 1\end{bmatrix}=E$$

所以矩阵 $\boldsymbol{A}$ 可逆,且 $\boldsymbol{A}^{-1}=\begin{bmatrix}1 & -2\\0 & 1\end{bmatrix}$.

单位矩阵的逆矩阵是其本身.

定义 2-3-2 若 n 阶方阵 $\boldsymbol{A}$ 的行列式 $|\boldsymbol{A}|\neq 0$,称为 $\boldsymbol{A}$ 为非奇异的.

例如,矩阵 $\boldsymbol{A}=\begin{bmatrix}1 & 2\\0 & 1\end{bmatrix}$ 是非奇异的. 矩阵 $\boldsymbol{B}=\begin{bmatrix}2 & 2\\1 & 1\end{bmatrix}$ 是奇异的.

定义 2-3-3 由行列式 $|\boldsymbol{A}|=|a_{ij}|$ 的元素 a_{ij} 的代数余子式 $A_{ij}(i,j=1,2,\cdots,n)$ 所构成的矩阵

$$\boldsymbol{A}^*=\begin{bmatrix}A_{11} & A_{21} & \cdots & A_{n1}\\A_{12} & A_{22} & \cdots & A_{n2}\\\vdots & \vdots & & \vdots\\A_{1n} & A_{2n} & \cdots & A_{nn}\end{bmatrix}$$

称为矩阵 $\boldsymbol{A}$ 的**伴随矩阵**.

【例 2-3-1】 求矩阵 $\boldsymbol{A}=\begin{bmatrix}1 & 0 & 1\\2 & 1 & 0\\-3 & 2 & -5\end{bmatrix}$ 的伴随矩阵 $\boldsymbol{A}^*$.

解 $A_{11}=\begin{vmatrix}1 & 0\\2 & -5\end{vmatrix}=-5$, $A_{12}=(-1)^{1+2}\begin{vmatrix}2 & 0\\-3 & -5\end{vmatrix}=10$, $A_{13}=\begin{vmatrix}2 & 1\\-3 & 2\end{vmatrix}=7$,

$A_{21}=(-1)^{2+1}\begin{vmatrix}0 & 1\\2 & -5\end{vmatrix}=2$, $A_{22}=\begin{vmatrix}1 & 1\\-3 & -5\end{vmatrix}=-2$, $A_{23}=(-1)^{2+3}\begin{vmatrix}1 & 0\\-3 & 2\end{vmatrix}=-2$,

$$A_{31}=\begin{vmatrix}0 & 1\\1 & 0\end{vmatrix}=-1,\quad A_{32}=(-1)^{3+2}\begin{vmatrix}1 & 1\\2 & 0\end{vmatrix}=2,\quad A_{33}=\begin{vmatrix}1 & 0\\2 & 1\end{vmatrix}=1.$$

于是得 $\boldsymbol{A}^*=\begin{bmatrix}-5 & 2 & -1\\10 & -2 & 2\\7 & -2 & 1\end{bmatrix}$.

2.3.2 逆矩阵相关定理

定理 2-3-2 n 阶方阵 $\boldsymbol{A}=(a_{ij})_{n\times n}$ 可逆的充分必要条件是 $\boldsymbol{A}$ 非奇异,且当 $\boldsymbol{A}$ 可逆时,有

$$A^{-1}=\frac{1}{|A|}A^*$$

其中 A^* 是 A 的伴随矩阵.

证明　先证必要性.设 A 可逆,则

$$AA^{-1}=E$$

有

$$|AA^{-1}|=|E|$$

则

$$|A|\cdot|A^{-1}|=1$$

所以 $|A|\neq 0$,即 A 非奇异.

再证充分性.设 A 非奇异,即 $|A|\neq 0$,存在矩阵 $\frac{1}{|A|}A^*$ 有

$$A\left(\frac{1}{|A|}A^*\right)=\frac{1}{|A|}\begin{bmatrix} a_{11} & a_{12} & \cdots & a_{1n} \\ a_{21} & a_{22} & \cdots & a_{2n} \\ \vdots & \vdots & & \vdots \\ a_{1n} & a_{2n} & \cdots & a_{nn} \end{bmatrix}\begin{bmatrix} A_{11} & A_{21} & \cdots & A_{n1} \\ A_{12} & A_{22} & \cdots & A_{n2} \\ \vdots & \vdots & & \vdots \\ A_{1n} & A_{2n} & \cdots & A_{nn} \end{bmatrix}$$

$$=\frac{1}{|A|}\begin{bmatrix} |A| & 0 & \cdots & 0 \\ 0 & |A| & \cdots & 0 \\ \vdots & \vdots & & \vdots \\ 0 & 0 & \cdots & |A| \end{bmatrix}=\begin{bmatrix} 1 & 0 & \cdots & 0 \\ 0 & 1 & \cdots & 0 \\ \vdots & \vdots & & \vdots \\ 0 & 0 & \cdots & 1 \end{bmatrix}=E.$$

同理可得

$$\left(\frac{1}{|A|}A^*\right)A=E.$$

由此可知矩阵 A 可逆,且

$$A^{-1}=\frac{1}{|A|}A^*.$$

该定理证明了矩阵 A 可逆的充分必要条件是矩阵 A 非奇异,即 $|A|\neq 0$,而且得出了一个用伴随矩阵求逆矩阵的方法,即 $A^{-1}=\frac{1}{|A|}A^*$.

【例 2-3-2】　判断矩阵 $A=\begin{bmatrix} 1 & 0 & 1 \\ 3 & 1 & 0 \\ -3 & 2 & -5 \end{bmatrix}$ 是否可逆,若可逆,求其逆矩阵 A^{-1}.

解　因$|\boldsymbol{A}|=\begin{vmatrix} 1 & 0 & 1 \\ 2 & 1 & 0 \\ -3 & 2 & -5 \end{vmatrix}=2\neq 0$,所以$\boldsymbol{A}$可逆.

由例 2-3-1 有$\boldsymbol{A}^*=\begin{bmatrix} -5 & 2 & -1 \\ 10 & -2 & 2 \\ 7 & -2 & 1 \end{bmatrix}$,所以可得

$$\boldsymbol{A}^{-1}=\frac{1}{|\boldsymbol{A}|}\boldsymbol{A}^*=\frac{1}{2}\begin{bmatrix} -5 & 2 & -1 \\ 10 & -2 & 2 \\ 7 & -2 & 1 \end{bmatrix}=\begin{bmatrix} -\frac{5}{2} & 1 & -\frac{1}{2} \\ 5 & -1 & 1 \\ \frac{7}{2} & -1 & \frac{1}{2} \end{bmatrix}.$$

【例 2-3-3】 如果

$$\boldsymbol{A}=\begin{bmatrix} a_1 & 0 & \cdots & 0 \\ 0 & a_2 & \cdots & 0 \\ \vdots & \vdots & & \vdots \\ 0 & 0 & \cdots & a_n \end{bmatrix},$$

其中$a_i\neq 0\quad(i=1,2,\cdots,n)$,证明

$$\boldsymbol{A}^{-1}=\begin{bmatrix} \frac{1}{a_1} & 0 & \cdots & 0 \\ 0 & \frac{1}{a_2} & \cdots & 0 \\ \vdots & \vdots & & \vdots \\ 0 & 0 & \cdots & \frac{1}{a_n} \end{bmatrix}.$$

证明　将两矩阵做积,可得

$$\begin{bmatrix} a_1 & 0 & \cdots & 0 \\ 0 & a_2 & \cdots & 0 \\ \vdots & \vdots & & \vdots \\ 0 & 0 & \cdots & a_n \end{bmatrix}\begin{bmatrix} \frac{1}{a_1} & 0 & \cdots & 0 \\ 0 & \frac{1}{a_2} & \cdots & 0 \\ \vdots & \vdots & & \vdots \\ 0 & 0 & \cdots & \frac{1}{a_n} \end{bmatrix}=\boldsymbol{E}.$$

两矩阵交换做积,可得

$$\begin{bmatrix} \frac{1}{a_1} & 0 & \cdots & 0 \\ 0 & \frac{1}{a_2} & \cdots & 0 \\ \vdots & \vdots & & \vdots \\ 0 & 0 & \cdots & \frac{1}{a_n} \end{bmatrix} \begin{bmatrix} a_1 & 0 & \cdots & 0 \\ 0 & a_2 & \cdots & 0 \\ \vdots & \vdots & & \vdots \\ 0 & 0 & \cdots & a_n \end{bmatrix} = \boldsymbol{E}.$$

所以,所求逆矩阵为

$$\boldsymbol{A}^{-1} = \begin{bmatrix} \frac{1}{a_1} & 0 & \cdots & 0 \\ 0 & \frac{1}{a_2} & \cdots & 0 \\ \vdots & \vdots & & \vdots \\ 0 & 0 & \cdots & \frac{1}{a_n} \end{bmatrix}.$$

定理 2-3-3　若 $\boldsymbol{A}$ 是 n 阶方阵,且存在 n 阶方阵 $\boldsymbol{B}$,使 $\boldsymbol{AB}=\boldsymbol{E}$ 或 $\boldsymbol{BA}=\boldsymbol{E}$,则 $\boldsymbol{A}$ 可逆,且 $\boldsymbol{B}$ 为 $\boldsymbol{A}$ 的逆矩阵.

证明　设有 $\boldsymbol{AB}=\boldsymbol{E}$,则

$$|\boldsymbol{AB}|=|\boldsymbol{A}|\cdot|\boldsymbol{B}|=|\boldsymbol{E}|=1,$$

则有

$$\boldsymbol{B}=\boldsymbol{EB}=(\boldsymbol{A}^{-1}\boldsymbol{A})\boldsymbol{B}=\boldsymbol{A}^{-1}(\boldsymbol{AB})=\boldsymbol{A}^{-1}\boldsymbol{E}=\boldsymbol{A}^{-1}.$$

若有 $\boldsymbol{BA}=\boldsymbol{E}$,同理可得 $\boldsymbol{A}=\boldsymbol{B}^{-1}$.

这表明,如果我们要说明方阵 $\boldsymbol{B}$ 是矩阵 $\boldsymbol{A}$ 的逆矩阵,只要说明一个等式 $\boldsymbol{AB}=\boldsymbol{E}$ 或 $\boldsymbol{BA}=\boldsymbol{E}$ 即可,这比利用定义要简单.

【例 2-3-4】　设 n 阶方阵 $\boldsymbol{A}$ 满足 $a\boldsymbol{A}^2+b\boldsymbol{A}+c\boldsymbol{E}=\boldsymbol{O}$($a,b,c$ 为常数,且 $c\neq0$),证明 $\boldsymbol{A}$ 为可逆阵,并求 $\boldsymbol{A}^{-1}$.

证明　由 $a\boldsymbol{A}^2+b\boldsymbol{A}+c\boldsymbol{E}=\boldsymbol{O}$,得

$$a\boldsymbol{A}^2+b\boldsymbol{A}=-c\boldsymbol{E}.$$

又因 $c\neq0$,故有

$$-\frac{a}{c}\boldsymbol{A}^2-\frac{b}{c}\boldsymbol{A}=\boldsymbol{E},$$

$$\left(-\frac{a}{c}\boldsymbol{A}-\frac{b}{c}\boldsymbol{I}\right)\boldsymbol{A}=\boldsymbol{E}.$$

所以 $\boldsymbol{A}$ 可逆，且 $\boldsymbol{A}^{-1}=-\frac{a}{c}\boldsymbol{A}-\frac{b}{c}\boldsymbol{E}$.

2.3.3 逆矩阵的性质

逆矩阵有以下运算性质：

(1)若矩阵 $\boldsymbol{A}$ 可逆，则 $\boldsymbol{A}^{-1}$ 也可逆，且 $(\boldsymbol{A}^{-1})^{-1}=\boldsymbol{A}$.

由可逆矩阵的定义，显然可见，$\boldsymbol{A}$ 与 $\boldsymbol{A}^{-1}$ 是互逆的.

(2)若矩阵 $\boldsymbol{A}$ 可逆，数 $k\neq0$，则 $k\boldsymbol{A}$ 也可逆，且 $(k\boldsymbol{A})^{-1}=\frac{1}{k}\boldsymbol{A}^{-1}$.

因为 $(k\boldsymbol{A})\left(\frac{1}{k}\boldsymbol{A}^{-1}\right)=\boldsymbol{A}\boldsymbol{A}^{-1}=\boldsymbol{E}$.

(3)两个同阶可逆矩阵 $\boldsymbol{A}$,$\boldsymbol{B}$ 的乘积是可逆阵，且 $(\boldsymbol{AB})^{-1}=\boldsymbol{B}^{-1}\boldsymbol{A}^{-1}$.

因为 $(\boldsymbol{AB})(\boldsymbol{B}^{-1}\boldsymbol{A}^{-1})=\boldsymbol{A}(\boldsymbol{BB}^{-1})\boldsymbol{A}^{-1}=\boldsymbol{AEA}^{-1}=\boldsymbol{AA}^{-1}=\boldsymbol{E}$.

(4)若矩阵 $\boldsymbol{A}$ 可逆，则 $\boldsymbol{A}$ 的转置矩阵 $\boldsymbol{A}^{\mathrm{T}}$ 也可逆，且 $(\boldsymbol{A}^{\mathrm{T}})^{-1}=(\boldsymbol{A}^{-1})^{\mathrm{T}}$.

因为 $\boldsymbol{A}^{\mathrm{T}}(\boldsymbol{A}^{-1})^{\mathrm{T}}=(\boldsymbol{A}^{-1}\boldsymbol{A})^{\mathrm{T}}=\boldsymbol{E}^{\mathrm{T}}=\boldsymbol{E}$.

(5)若矩阵 $\boldsymbol{A}$ 可逆，则 $|\boldsymbol{A}^{-1}|=|\boldsymbol{A}|^{-1}$.

因 $\boldsymbol{AA}^{-1}=\boldsymbol{E}$，则有 $|\boldsymbol{A}||\boldsymbol{A}^{-1}|=|\boldsymbol{E}|=1$，所以 $|\boldsymbol{A}^{-1}|=\frac{1}{|\boldsymbol{A}|}=|\boldsymbol{A}|^{-1}$.

【例 2-3-5】 若 $\boldsymbol{A}$,$\boldsymbol{B}$,$\boldsymbol{C}$ 为同阶矩阵，且 $\boldsymbol{A}$ 可逆，证明下列结论中(1),(3)成立，举例说明(2),(4)不必然成立.

(1)若 $\boldsymbol{AB}=\boldsymbol{AC}$，则 $\boldsymbol{B}=\boldsymbol{C}$.

(2)若 $\boldsymbol{AB}=\boldsymbol{CB}$，则 $\boldsymbol{A}=\boldsymbol{C}$.

(3)若 $\boldsymbol{AB}=\boldsymbol{O}$，则 $\boldsymbol{B}=\boldsymbol{O}$.

(4)若 $\boldsymbol{BC}=\boldsymbol{O}$，则 $\boldsymbol{B}=\boldsymbol{O}$ 或 $\boldsymbol{C}=\boldsymbol{O}$.

解 (1)若 $\boldsymbol{AB}=\boldsymbol{AC}$，等式两边左乘 $\boldsymbol{A}^{-1}$，有

$$\boldsymbol{A}^{-1}\boldsymbol{AB}=\boldsymbol{A}^{-1}\boldsymbol{AC}$$

得到

$$\boldsymbol{EB}=\boldsymbol{EC}$$

即 $\boldsymbol{B}=\boldsymbol{C}$.

(2)设 $\boldsymbol{A}=\begin{bmatrix}1&2\\0&1\end{bmatrix}$,$\boldsymbol{B}=\begin{bmatrix}1&1\\1&1\end{bmatrix}$,$\boldsymbol{C}=\begin{bmatrix}3&0\\0&1\end{bmatrix}$，那么有

$$\boldsymbol{AB}=\begin{bmatrix}1&2\\0&1\end{bmatrix}\begin{bmatrix}1&1\\1&1\end{bmatrix}=\begin{bmatrix}3&3\\1&1\end{bmatrix}$$

$$CB=\begin{bmatrix}3 & 0\\0 & 1\end{bmatrix}\begin{bmatrix}1 & 1\\1 & 1\end{bmatrix}=\begin{bmatrix}3 & 3\\1 & 1\end{bmatrix}$$

显然有 $\boldsymbol{AB}=\boldsymbol{CB}$,但 $\boldsymbol{A}\neq\boldsymbol{C}$.

(3)若 $\boldsymbol{AB}=\boldsymbol{O}$,等式两边左乘 $\boldsymbol{A}^{-1}$,有

$$\boldsymbol{A}^{-1}\boldsymbol{AB}=\boldsymbol{A}^{-1}\boldsymbol{O}$$

即 $\boldsymbol{EB}=\boldsymbol{O}$,所以 $\boldsymbol{B}=\boldsymbol{O}$.

(4)设 $\boldsymbol{B}=\begin{bmatrix}1 & 1\\0 & 0\end{bmatrix}$,$\boldsymbol{C}=\begin{bmatrix}1 & 0\\-1 & 0\end{bmatrix}$,那么有

$$\boldsymbol{BC}=\begin{bmatrix}1 & 1\\0 & 0\end{bmatrix}\begin{bmatrix}1 & 0\\-1 & 0\end{bmatrix}=\begin{bmatrix}0 & 0\\0 & 0\end{bmatrix}$$

即 $\boldsymbol{BC}=\boldsymbol{O}$,但 $\boldsymbol{B}\neq\boldsymbol{O}$ 且 $\boldsymbol{C}\neq\boldsymbol{O}$.

【例 2-3-6】 证明:如果 n 阶矩阵 $\boldsymbol{A}$ 可逆,则其伴随矩阵 $\boldsymbol{A}^*$ 也可逆,且(1)$(\boldsymbol{A}^*)^{-1}=\frac{1}{|\boldsymbol{A}|}\boldsymbol{A}$;(2)$|\boldsymbol{A}^*|=|\boldsymbol{A}|^{n-1}$.

证明 (1)因为 $\boldsymbol{A}$ 可逆,所以 $\boldsymbol{A}$ 为非奇异矩阵,即 $|\boldsymbol{A}|\neq 0$,且

$$\boldsymbol{AA}^{-1}=\boldsymbol{A}\left(\frac{1}{|\boldsymbol{A}|}\boldsymbol{A}^*\right)=\boldsymbol{E},\text{即}\left(\frac{1}{|\boldsymbol{A}|}\boldsymbol{A}\right)\boldsymbol{A}^*=\boldsymbol{E}$$

由此可知 $\boldsymbol{A}^*$ 可逆,且 $(\boldsymbol{A}^*)^{-1}=\frac{1}{|\boldsymbol{A}|}\boldsymbol{A}$.

(2)由 $\frac{1}{|\boldsymbol{A}|}\boldsymbol{AA}^*=\boldsymbol{E}$,得 $\boldsymbol{AA}^*=|\boldsymbol{A}|\boldsymbol{E}$,从而有

$$|\boldsymbol{AA}^*|=||\boldsymbol{A}|\boldsymbol{E}|=|\boldsymbol{A}|^n|\boldsymbol{E}|=|\boldsymbol{A}|^n.$$

所以

$$|\boldsymbol{AA}^*|=|\boldsymbol{A}||\boldsymbol{A}^*|=|\boldsymbol{A}|^n,$$

即

$$|\boldsymbol{A}^*|=|\boldsymbol{A}|^{n-1}.$$

习题 2.3

1. 填空题

(1)设 $\boldsymbol{A}=\begin{pmatrix}\cos\theta & -\sin\theta\\\sin\theta & \cos\theta\end{pmatrix}$,则 $\boldsymbol{A}^{-1}=$________.

(2)若 $\boldsymbol{A}^{-1}=\frac{1}{3}\begin{bmatrix}1&0&0\\0&\frac{1}{2}&0\\0&0&\frac{1}{5}\end{bmatrix}$,则 $\boldsymbol{A}=$________.

(3)已知 $\begin{pmatrix}2&5\\1&3\end{pmatrix}\boldsymbol{X}=\begin{pmatrix}4&-6\\2&1\end{pmatrix}$,则 $\boldsymbol{X}=$________.

(4)设 $\boldsymbol{A}$ 为 3 阶方阵,且 $|\boldsymbol{A}|=3$,$\boldsymbol{A}^*$ 为 $\boldsymbol{A}$ 的伴随阵,则 $|3\boldsymbol{A}^{-1}|=$________, $|\boldsymbol{A}^*|=$________, $|3\boldsymbol{A}^*-7\boldsymbol{A}^{-1}|=$________.

2. 已知 $\boldsymbol{A}=\begin{bmatrix}1&-2&2\\2&-3&6\\1&1&7\end{bmatrix}$,求 $\boldsymbol{A}$ 的逆矩阵.

3. 设 $\boldsymbol{A}=\begin{bmatrix}0&3&3\\1&1&0\\-1&2&3\end{bmatrix}$,且 $\boldsymbol{AB}=\boldsymbol{A}+2\boldsymbol{B}$,求 $\boldsymbol{B}$.

2.4 分块矩阵

2.4.1 分块矩阵的概念

定义 2-4-1 对于行数和列数较多的矩阵 $\boldsymbol{A}$,可以将它看成是由若干个小矩阵组成的.将矩阵 $\boldsymbol{A}$ 用若干条纵线和横线分成许多小矩阵,为了方便且显示出矩阵的局部特性,每一个小矩阵称为 $\boldsymbol{A}$ 的**子块**,以子块为元素形式的矩阵称为**分块矩阵**.

例如

$$\boldsymbol{A}=\left[\begin{array}{cc:ccc}1&0&2&1&3\\0&1&-1&0&1\\\hdashline 0&0&1&0&0\\0&0&0&1&0\\0&0&0&0&1\end{array}\right],$$

它的行分成两组:前 2 行为第 1 组,后 3 行为第 2 组;它的列也分成两组:前 2 列为第 1 组,后 3 列为第 2 组.我们用横线和竖线把矩阵 $\boldsymbol{A}$ 分成四个子块,每一个子块的元素按照

原来次序组成一个比 $\boldsymbol{A}$ 低阶的矩阵. 令

$$\boldsymbol{E}_2=\begin{bmatrix}1&0\\0&1\end{bmatrix},\boldsymbol{A}_1=\begin{bmatrix}2&1&3\\-1&0&1\end{bmatrix},\boldsymbol{O}=\begin{bmatrix}0&0\\0&0\\0&0\end{bmatrix},\boldsymbol{E}_3=\begin{bmatrix}1&0&0\\0&1&0\\0&0&1\end{bmatrix},$$

则 $\boldsymbol{A}$ 写成一个分块矩阵

$$\boldsymbol{A}=\begin{bmatrix}\boldsymbol{E}_2&\boldsymbol{A}_1\\\boldsymbol{O}&\boldsymbol{E}_3\end{bmatrix}.$$

显然, 矩阵 $\boldsymbol{A}$ 的结构比未分块时更加简洁.

矩阵分块方式是任意的, 同一个矩阵可以根据需要划分不同的子块, 构成不同的分块矩阵.

例如

$$\boldsymbol{A}=\begin{bmatrix}a_{11}&a_{12}&a_{13}&a_{14}&a_{15}\\a_{21}&a_{22}&a_{23}&a_{24}&a_{25}\\a_{31}&a_{32}&a_{33}&a_{34}&a_{35}\end{bmatrix},$$

可以按不同方法分块, 例如

$$\boldsymbol{A}=\left[\begin{array}{cc:ccc}a_{11}&a_{12}&a_{13}&a_{14}&a_{15}\\\hdashline a_{21}&a_{22}&a_{23}&a_{24}&a_{25}\\a_{31}&a_{32}&a_{33}&a_{34}&a_{35}\end{array}\right] \text{或} \boldsymbol{A}=\left[\begin{array}{cc:ccc}a_{11}&a_{12}&a_{13}&a_{14}&a_{15}\\a_{21}&a_{22}&a_{23}&a_{24}&a_{25}\\\hdashline a_{31}&a_{32}&a_{33}&a_{34}&a_{35}\end{array}\right].$$

矩阵分块更重要的用处是矩阵运算可以通过子块的运算进行.

2.4.2 分块矩阵的运算

1. 分块矩阵的加法

设矩阵 $\boldsymbol{A}$ 与矩阵 $\boldsymbol{B}$ 是同型矩阵, 如果用同样的方式分块

$$\boldsymbol{A}=\begin{bmatrix}\boldsymbol{A}_{11}&\boldsymbol{A}_{12}&\cdots&\boldsymbol{A}_{1s}\\\boldsymbol{A}_{21}&\boldsymbol{A}_{22}&\cdots&\boldsymbol{A}_{2s}\\\vdots&\vdots&&\vdots\\\boldsymbol{A}_{r1}&\boldsymbol{A}_{r2}&\cdots&\boldsymbol{A}_{rs}\end{bmatrix},\boldsymbol{B}=\begin{bmatrix}\boldsymbol{B}_{11}&\boldsymbol{B}_{12}&\cdots&\boldsymbol{B}_{1s}\\\boldsymbol{B}_{21}&\boldsymbol{B}_{22}&\cdots&\boldsymbol{B}_{2s}\\\vdots&\vdots&&\vdots\\\boldsymbol{B}_{r1}&\boldsymbol{B}_{r2}&\cdots&\boldsymbol{B}_{rs}\end{bmatrix},$$

其中 $\boldsymbol{A}_{ij}$ 与 $\boldsymbol{B}_{ij}$ 是同型矩阵 $(i=1,2,\cdots,r;j=1,2,\cdots,s)$. 易证

$$A+B=\begin{bmatrix} A_{11}+B_{11} & A_{12}+B_{12} & \cdots & A_{1s}+B_{1s} \\ A_{21}+B_{21} & A_{22}+B_{22} & \cdots & A_{2s}+B_{2s} \\ \vdots & \vdots & & \vdots \\ A_{r1}+B_{r1} & A_{r2}+B_{r2} & \cdots & A_{rs}+B_{rs} \end{bmatrix}.$$

也就是说，分块矩阵 $\boldsymbol{A}$ 与 $\boldsymbol{B}$ 相加，只需要把对应的子块相加即可. 不过，$\boldsymbol{A}$ 与 $\boldsymbol{B}$ 的分块结构要一样.

【例 2-4-1】 设矩阵

$$A=\begin{bmatrix} 1 & 0 & 1 & 3 \\ 0 & 1 & 2 & 4 \\ 0 & 0 & -1 & 0 \\ 0 & 0 & 0 & -1 \end{bmatrix}, B=\begin{bmatrix} 1 & 2 & 0 & 0 \\ 2 & 0 & 0 & 0 \\ 6 & 3 & 1 & 0 \\ 0 & -2 & 0 & 1 \end{bmatrix},$$

求 $\boldsymbol{A}+\boldsymbol{B}$.

解 按同样的方式把 $\boldsymbol{A}, \boldsymbol{B}$ 分成以下子块

$$A=\left[\begin{array}{cc:cc} 1 & 0 & 1 & 3 \\ 0 & 1 & 2 & 4 \\ \hdashline 0 & 0 & -1 & 0 \\ 0 & 0 & 0 & -1 \end{array}\right], B=\left[\begin{array}{cc:cc} 1 & 2 & 0 & 0 \\ 2 & 0 & 0 & 0 \\ \hdashline 6 & 3 & 1 & 0 \\ 0 & -2 & 0 & 1 \end{array}\right],$$

分块的原则是尽可能地使子块更有利于计算，子块为零矩阵或单位矩阵更好. 若令

$$E_2=\begin{bmatrix} 1 & 0 \\ 0 & 1 \end{bmatrix}, O=\begin{bmatrix} 0 & 0 \\ 0 & 0 \end{bmatrix}, A_1=\begin{bmatrix} 1 & 3 \\ 2 & 4 \end{bmatrix}, B_1=\begin{bmatrix} 1 & 2 \\ 2 & 0 \end{bmatrix}, B_2=\begin{bmatrix} 6 & 3 \\ 0 & -2 \end{bmatrix},$$

于是 $\boldsymbol{A}, \boldsymbol{B}$ 分块后为

$$A=\begin{bmatrix} E_2 & A_1 \\ O & -E_2 \end{bmatrix}, B=\begin{bmatrix} B_1 & O \\ B_2 & E_2 \end{bmatrix},$$

所以

$$A+B=\begin{bmatrix} E_2+B_1 & A_1+O \\ O+B_2 & -E_2+E_2 \end{bmatrix}=\begin{bmatrix} E_2+B_1 & A_1 \\ B_2 & O \end{bmatrix}.$$

由于

$$E_2+B_1=\begin{bmatrix} 2 & 2 \\ 2 & 1 \end{bmatrix},$$

所以

$$A+B=\begin{bmatrix}2 & 2 & 1 & 3\\ 2 & 1 & 2 & 4\\ 6 & 3 & 0 & 0\\ 0 & -2 & 0 & 0\end{bmatrix}.$$

2. 分块矩阵的乘法

设 $\boldsymbol{A}$ 是 $m\times l$ 矩阵，$\boldsymbol{B}$ 是 $l\times n$ 矩阵，将 $\boldsymbol{A}$ 和 $\boldsymbol{B}$ 进行分块

$$\boldsymbol{A}=\begin{bmatrix}\boldsymbol{A}_{11} & \boldsymbol{A}_{12} & \cdots & \boldsymbol{A}_{1s}\\ \boldsymbol{A}_{21} & \boldsymbol{A}_{22} & \cdots & \boldsymbol{A}_{2s}\\ \vdots & \vdots & & \vdots\\ \boldsymbol{A}_{r1} & \boldsymbol{A}_{r2} & \cdots & \boldsymbol{A}_{rs}\end{bmatrix}\begin{matrix}m_1\\ m_2\\ \vdots\\ m_r\end{matrix},\quad \boldsymbol{B}=\begin{bmatrix}\boldsymbol{B}_{11} & \boldsymbol{B}_{12} & \cdots & \boldsymbol{B}_{1t}\\ \boldsymbol{B}_{21} & \boldsymbol{B}_{22} & \cdots & \boldsymbol{B}_{2t}\\ \vdots & \vdots & & \vdots\\ \boldsymbol{B}_{r1} & \boldsymbol{B}_{r2} & \cdots & \boldsymbol{B}_{rt}\end{bmatrix}\begin{matrix}l_1\\ l_2\\ \vdots\\ l_s\end{matrix},$$
$$\begin{matrix}l_1 & l_2 & \cdots & l_s\end{matrix}\qquad\qquad \begin{matrix}n_1 & n_2 & \cdots & n_t\end{matrix}$$

其中 $\boldsymbol{A}_{ik}$ 是 $m_i\times l_k$ 子矩阵，$\boldsymbol{B}_{kj}$ 是 $l_k\times n_j$ 子矩阵（$i=1,2,\cdots,r;k=1,2,\cdots,s;j=1,2,\cdots,t$），因此，$\boldsymbol{A}_{ik}$ 与 $\boldsymbol{B}_{kj}$ 的乘积有意义，则有

$$\boldsymbol{AB}=\begin{bmatrix}\boldsymbol{C}_{11} & \boldsymbol{C}_{12} & \cdots & \boldsymbol{C}_{1t}\\ \boldsymbol{C}_{21} & \boldsymbol{C}_{22} & \cdots & \boldsymbol{C}_{2t}\\ \vdots & \vdots & & \vdots\\ \boldsymbol{C}_{r1} & \boldsymbol{C}_{r2} & \cdots & \boldsymbol{C}_{rt}\end{bmatrix},$$

其中

$$\boldsymbol{C}_{ij}=\sum_{k=1}^{s}\boldsymbol{A}_{ik}\boldsymbol{B}_{kj}\quad(i=1,2,\cdots,r;j=1,2,\cdots,t).$$

【例 2-4-2】 设矩阵

$$\boldsymbol{A}=\begin{bmatrix}1 & 1 & 2 & 0\\ 2 & -1 & 0 & 1\\ 1 & 0 & 1 & 2\\ 3 & 0 & 2 & 1\end{bmatrix},\quad \boldsymbol{B}=\begin{bmatrix}1 & 1 & 0\\ 0 & 2 & 0\\ -1 & 0 & 2\\ 2 & 1 & -1\end{bmatrix},$$

求 $\boldsymbol{AB}$.

解 将 $\boldsymbol{A}$ 和 $\boldsymbol{B}$ 进行分块

$$\boldsymbol{A}=\left[\begin{array}{cc:cc}1 & 1 & 2 & 0\\ 2 & -1 & 0 & 1\\ \hdashline 1 & 0 & 1 & 2\\ \hdashline 3 & 0 & 2 & 1\end{array}\right]=\begin{bmatrix}\boldsymbol{A}_{11} & \boldsymbol{A}_{12}\\ \boldsymbol{A}_{21} & \boldsymbol{A}_{22}\\ \boldsymbol{A}_{31} & \boldsymbol{A}_{32}\end{bmatrix},\quad \boldsymbol{B}=\left[\begin{array}{cc:c}1 & 1 & 0\\ 0 & 2 & 0\\ \hdashline -1 & 0 & 2\\ 2 & 1 & -1\end{array}\right]=\begin{bmatrix}\boldsymbol{B}_{11} & \boldsymbol{B}_{12}\\ \boldsymbol{B}_{21} & \boldsymbol{B}_{22}\end{bmatrix},$$

其中

$$A_{11}=\begin{bmatrix}1&1\\2&-1\end{bmatrix},A_{12}=\begin{bmatrix}2&0\\0&1\end{bmatrix},A_{21}=[1\quad 0],A_{22}=[1\quad 2],A_{31}=[3\quad 0],$$

$$A_{32}=[2\quad 1],B_{11}=\begin{bmatrix}1&1\\0&2\end{bmatrix},B_{12}=\begin{bmatrix}0\\0\end{bmatrix},B_{21}=\begin{bmatrix}-1&0\\2&1\end{bmatrix},B_{22}=\begin{bmatrix}2\\-1\end{bmatrix},$$

则

$$A_{11}B_{11}+A_{12}B_{21}=\begin{bmatrix}1&1\\2&-1\end{bmatrix}\begin{bmatrix}1&1\\0&2\end{bmatrix}+\begin{bmatrix}2&0\\0&1\end{bmatrix}\begin{bmatrix}-1&0\\2&1\end{bmatrix}=\begin{bmatrix}-1&3\\4&1\end{bmatrix},$$

$$A_{11}B_{12}+A_{12}B_{22}=\begin{bmatrix}1&1\\2&-1\end{bmatrix}\begin{bmatrix}0\\0\end{bmatrix}+\begin{bmatrix}2&0\\0&1\end{bmatrix}\begin{bmatrix}2\\-1\end{bmatrix}=\begin{bmatrix}4\\-1\end{bmatrix},$$

$$A_{21}B_{11}+A_{22}B_{21}=[1\quad 0]\begin{bmatrix}1&1\\0&2\end{bmatrix}+[1\quad 2]\begin{bmatrix}-1&0\\2&1\end{bmatrix}=[4\quad 3],$$

$$A_{21}B_{12}+A_{22}B_{22}=[1\quad 0]\begin{bmatrix}0\\0\end{bmatrix}+[1\quad 2]\begin{bmatrix}2\\-1\end{bmatrix}=[0],$$

$$A_{31}B_{11}+A_{32}B_{21}=[3\quad 0]\begin{bmatrix}1&1\\0&2\end{bmatrix}+[2\quad 1]\begin{bmatrix}-1&0\\2&1\end{bmatrix}=[3\quad 4],$$

$$A_{31}B_{12}+A_{32}B_{22}=[3\quad 0]\begin{bmatrix}0\\0\end{bmatrix}+[2\quad 1]\begin{bmatrix}2\\-1\end{bmatrix}=[3].$$

故得

$$AB=\begin{bmatrix}A_{11}&A_{12}\\A_{21}&A_{22}\\A_{31}&A_{32}\end{bmatrix}\begin{bmatrix}B_{11}&B_{12}\\B_{21}&B_{22}\end{bmatrix}=\begin{bmatrix}A_{11}B_{11}+A_{12}B_{21}&A_{11}B_{12}+A_{12}B_{22}\\A_{21}B_{11}+A_{22}B_{21}&A_{21}B_{12}+A_{22}B_{22}\\A_{31}B_{11}+A_{32}B_{21}&A_{31}B_{12}+A_{32}B_{22}\end{bmatrix}=\begin{bmatrix}-1&3&4\\4&1&-1\\4&3&0\\3&4&3\end{bmatrix}.$$

【例 2-4-3】 设 $A=\begin{bmatrix}3&0&2\\-2&-1&-1\\-1&-3&5\end{bmatrix}$，$B=\begin{bmatrix}1&-1&4\\2&3&0\\5&0&2\end{bmatrix}$，求 AB.

解 用分块矩阵作乘法，为此，将 A，B 分成

$$A=\left[\begin{array}{c:c:c}3&0&2\\-2&-1&-1\\-1&-3&5\end{array}\right]=[A_1\quad A_2\quad A_3],B=\left[\begin{array}{ccc}1&-1&4\\\hdashline 2&3&0\\\hdashline 5&0&2\end{array}\right]=\begin{bmatrix}B_1\\B_2\\B_3\end{bmatrix},$$

则

$$AB=[A_1\quad A_2\quad A_3]\begin{bmatrix}B_1\\B_2\\B_3\end{bmatrix}=[A_1B_1+A_2B_2+A_3B_3]$$

$$=\begin{bmatrix}3\\-2\\-1\end{bmatrix}[1\quad -1\quad 4]+\begin{bmatrix}0\\-1\\-3\end{bmatrix}[2\quad 3\quad 0]+\begin{bmatrix}2\\-1\\5\end{bmatrix}[5\quad 0\quad 2]$$

$$=\begin{bmatrix}3&-3&12\\-2&2&-8\\-1&1&-4\end{bmatrix}+\begin{bmatrix}0&0&0\\-2&-3&0\\-6&-9&0\end{bmatrix}+\begin{bmatrix}10&0&4\\-5&0&-2\\25&0&10\end{bmatrix}$$

$$=\begin{bmatrix}13&-3&16\\-9&-1&-10\\18&-8&6\end{bmatrix}.$$

必须指出,对两个相加的矩阵进行分块,都应有相同的分块方式;但两个相乘的分块矩阵,左矩阵的分块与右矩阵的分块要满足以下条件:

左矩阵分块后的列组数与右矩阵分块后的行组数相同.例如,例 2-4-3 中左矩阵 A 的列组数和右矩阵 B 的行组数都是 3.

左矩阵每个列组所含的列数要与右矩阵相应行组所含的行数相同.例如,例 2-4-3 中左矩阵 A 的第 1 列组含 1 列,右矩阵 B 的相应的第 1 行组含 1 行.

总之,左矩阵列的分法必须与右矩阵行的分法相匹配,这样才能进行两个分块矩阵的乘法,这是由于矩阵乘法要求左矩阵的列数等于右矩阵的行数所决定的.至于左矩阵行的分法及右矩阵列的分法可随意.

还须指出,分块矩阵的乘法具有结合律,但交换律不一定成立.

3. 分块对角矩阵的逆矩阵

定义 2-4-2 若方阵 A 的分块矩阵只在主对角线上有非零子块,其余子块都是零块,且非零子块都是方阵,即

$$A=\begin{bmatrix}A_1&O&\cdots&O\\O&A_2&\cdots&O\\\vdots&\vdots&&\vdots\\O&O&\cdots&A_s\end{bmatrix},$$

其中 $A_i\,(i=1,2,\cdots,s)$ 都是方阵,则称方阵 A 为**分块对角矩阵**.

对分块对角矩阵的运算,可化为对其对角线上子块的运算.

例如

$$A=\begin{bmatrix}A_1 & O & \cdots & O\\ O & A_2 & \cdots & O\\ \vdots & \vdots & & \vdots\\ O & O & \cdots & A_s\end{bmatrix},B=\begin{bmatrix}B_1 & O & \cdots & O\\ O & B_2 & \cdots & O\\ \vdots & \vdots & & \vdots\\ O & O & \cdots & B_s\end{bmatrix},$$

若 A_i 与 B_i 是阶数相等的方阵($i=1,2,\cdots,s$),则

$$AB=\begin{bmatrix}A_1B_1 & O & \cdots & O\\ O & A_2B_2 & \cdots & O\\ \vdots & \vdots & & \vdots\\ O & O & \cdots & A_sB_s\end{bmatrix}.$$

设

$$A=\begin{bmatrix}A_1 & O & \cdots & O\\ O & A_2 & \cdots & O\\ \vdots & \vdots & & \vdots\\ O & O & \cdots & A_s\end{bmatrix},$$

若 $A_i(i=1,2,\cdots,s)$都有逆矩阵,则根据分块矩阵的乘法,可以得到

$$A^{-1}=\begin{bmatrix}A_1^{-1} & O & \cdots & O\\ O & A_2^{-1} & \cdots & O\\ \vdots & \vdots & & \vdots\\ O & O & \cdots & A_s^{-1}\end{bmatrix},$$

【例 2-4-4】 设

$$A=\begin{bmatrix}5 & 0 & 0\\ 0 & 3 & 1\\ 0 & 2 & 1\end{bmatrix},$$

求 A^{-1}.

解 将 A 分块

$$A=\left[\begin{array}{c:cc}5 & 0 & 0\\ \hdashline 0 & 3 & 1\\ 0 & 2 & 1\end{array}\right]=\begin{bmatrix}A_1 & O\\ O & A_2\end{bmatrix},$$

其中

$$A_1=[5],A_2=\begin{bmatrix}3&1\\2&1\end{bmatrix},$$

因为

$$A_1^{-1}=\begin{bmatrix}\frac{1}{5}\end{bmatrix},A_2^{-1}=\begin{bmatrix}1&-1\\-2&3\end{bmatrix}.$$

所以

$$A^{-1}=\begin{bmatrix}A_1^{-1}&O\\O&A_2^{-1}\end{bmatrix}=\begin{bmatrix}\frac{1}{5}&0&0\\0&1&-1\\0&-2&3\end{bmatrix}.$$

【例 2-4-5】 设

$$A=\begin{bmatrix}2&0&0&0\\1&2&0&0\\0&0&3&0\\0&0&1&3\end{bmatrix},$$

求 A^{-1}.

解 将 A 分块

$$A=\begin{bmatrix}A_1&O\\O&A_2\end{bmatrix},$$

其中

$$A_1=\begin{bmatrix}2&0\\1&2\end{bmatrix},A_2=\begin{bmatrix}3&0\\1&3\end{bmatrix},$$

因为

$$A_1^{-1}=\begin{bmatrix}\frac{1}{2}&0\\\frac{-1}{4}&\frac{1}{2}\end{bmatrix},A_2^{-1}=\begin{bmatrix}\frac{1}{3}&0\\\frac{-1}{9}&\frac{1}{3}\end{bmatrix},$$

所以

$$A^{-1}=\begin{bmatrix} A_1^{-1} & O \\ O & A_2^{-1} \end{bmatrix}=\begin{bmatrix} \frac{1}{2} & 0 & 0 & 0 \\ \frac{-1}{4} & \frac{1}{2} & 0 & 0 \\ 0 & 0 & \frac{1}{3} & 0 \\ 0 & 0 & \frac{-1}{9} & \frac{1}{3} \end{bmatrix}.$$

一般地,当矩阵中含有较多的零元素,或高阶矩阵经分块后有若干子块是有特征的矩阵时,用分块矩阵进行运算是比较方便的,可以大大地减少计算量.

习题 2.4

1. 用分块矩阵的乘法,计算下列矩阵的乘积.

(1)$A=\begin{bmatrix} 1 & 2 & 0 & 0 & 0 \\ 0 & 1 & 0 & 0 & 0 \\ 0 & 0 & 2 & 1 & 0 \\ 0 & 0 & 1 & 2 & -1 \\ 0 & 0 & 1 & 0 & 1 \end{bmatrix}$,$B=\begin{bmatrix} 1 & 0 & 0 & 0 & 0 \\ 0 & 1 & 0 & 0 & 0 \\ 1 & 0 & 1 & 0 & 2 \\ 0 & 1 & 1 & 2 & -1 \\ 3 & 2 & 1 & 1 & 1 \end{bmatrix}$,求 AB.

(2)$A=\begin{bmatrix} a & 2 & 0 & 0 \\ 0 & a & 0 & 0 \\ 0 & 0 & b & 0 \\ 0 & 0 & -2 & b \end{bmatrix}$,$B=\begin{bmatrix} a & -2 & 0 & 0 \\ 0 & a & 0 & 0 \\ 0 & 0 & b & 0 \\ 0 & 0 & 2 & b \end{bmatrix}$,求 ABA.

2. 设 C 是 4 阶可逆矩阵,D 是 3×4 矩阵

$$D=\begin{bmatrix} 1 & -1 & 2 & 3 \\ 0 & 0 & 0 & 0 \\ 0 & 0 & 0 & 0 \end{bmatrix},$$

试用分块乘法,求一个 4×7 矩阵 A,使得

$$A\begin{bmatrix} C \\ D \end{bmatrix}=E_4.$$

3. 用矩阵分块的方法求 $\boldsymbol{A}^{-1}$，其中

$$\boldsymbol{A}=\begin{bmatrix}2&5&0&0&0\\1&3&0&0&0\\0&0&4&0&0\\0&0&0&-2&-3\\0&0&0&2&5\end{bmatrix}.$$

4. (1)试证：若

$$\boldsymbol{A}=\begin{bmatrix}\boldsymbol{A}_1&\boldsymbol{B}_1\\\boldsymbol{O}&\boldsymbol{C}_1\end{bmatrix},$$

其中 $\boldsymbol{A}_1,\boldsymbol{C}_1$ 均可逆，则

$$\boldsymbol{A}^{-1}=\begin{bmatrix}\boldsymbol{A}_1^{-1}&-\boldsymbol{A}_1^{-1}\boldsymbol{C}_1^{-1}\\\boldsymbol{O}&\boldsymbol{C}_1^{-1}\end{bmatrix};$$

(2)求 $\boldsymbol{A}^{-1}$，其中

$$\boldsymbol{A}=\begin{bmatrix}3&7&-4&1&0\\-2&-5&9&0&-1\\0&0&-1&0&0\\0&0&0&4&0\\0&0&0&0&-6\end{bmatrix}.$$

2.5 几类特殊矩阵

2.5.1 对角矩阵

本节主要介绍几类特殊的矩阵，它们在计算中也有很独特的性质.

定义 2-5-1 形如

$$\boldsymbol{A}=\begin{bmatrix}a_{11}&0&\cdots&0\\0&a_{22}&\cdots&0\\\vdots&\vdots&&\vdots\\0&0&\cdots&a_{nn}\end{bmatrix}$$

的 n 阶方阵，称为**对角矩阵**，元素 $a_{11},a_{22},\cdots,a_{nn}$ 在矩阵的**主对角线**(从左上角到右下角)

上，而主对角线以外的元素全为零. 上述对角矩阵也可以写作 $\mathrm{diag}(a_{11}, a_{22}, \cdots, a_{nn})$.

例如

$$\boldsymbol{\Lambda}=\mathrm{diag}(1,-2,3)=\begin{bmatrix}1 & 0 & 0\\ 0 & -2 & 0\\ 0 & 0 & 3\end{bmatrix}.$$

为了简单和醒目，也可以将上述对角矩阵记作

$$\boldsymbol{\Lambda}=\begin{bmatrix}1 & & \\ & -2 & \\ & & 3\end{bmatrix}.$$

对角矩阵有以下几个性质：

性质 2-5-1 同阶对角矩阵的和仍为对角矩阵.

性质 2-5-2 数与对角矩阵的乘积仍为对角矩阵.

性质 2-5-3 同阶对角矩阵的积仍为对角矩阵，且它们的乘法运算满足交换律.

性质 2-5-4 对角矩阵与它的转置矩阵相等，即 $\boldsymbol{\Lambda}^{\mathrm{T}}=\boldsymbol{\Lambda}$.

性质 2-5-5 对角矩阵 $\boldsymbol{\Lambda}$ 可逆的充分必要条件是主对角线上的元素全不为零，即 $a_{ii}\neq 0(i=1,2,\cdots,n)$，且其逆矩阵为

$$\boldsymbol{\Lambda}^{-1}=\begin{bmatrix}a_{11}^{-1} & 0 & \cdots & 0\\ 0 & a_{22}^{-1} & \cdots & 0\\ \vdots & \vdots & & \vdots\\ 0 & 0 & \cdots & a_{nn}^{-1}\end{bmatrix}.$$

2.5.2 数量矩阵

定义 2-5-2 当对角矩阵的主对角线上的元素都相同时，$\boldsymbol{A}=\mathrm{diag}(a,a,\cdots,a)$ 称为数量矩阵，阶数为 n 时称 n 阶数量矩阵. n 阶单位矩阵 $\boldsymbol{E}_n$ 就是一个特殊的数量矩阵，而且 $\boldsymbol{A}=a\boldsymbol{E}_n$.

性质 2-5-6 n 阶数量矩阵能与所有 n 阶方阵交换，即对任意一个 n 阶方阵 $\boldsymbol{A}$ 都有

$$(k\boldsymbol{E})\boldsymbol{A}=\boldsymbol{A}(k\boldsymbol{E}).$$

证明 根据数乘矩阵的运算性质可得

$$(k\boldsymbol{E})\boldsymbol{A}=k(\boldsymbol{E}\boldsymbol{A})=k(\boldsymbol{A}\boldsymbol{E})=\boldsymbol{A}(k\boldsymbol{E}).$$

2.5.3 上三角形矩阵与下三角形矩阵

定义 2-5-3 形如

$$\begin{bmatrix} a_{11} & a_{12} & \cdots & a_{1n} \\ 0 & a_{22} & \cdots & a_{2n} \\ \vdots & \vdots & & \vdots \\ 0 & 0 & \cdots & a_{nn} \end{bmatrix}$$

的矩阵,即主对角线下方的元素全为零的 n 阶矩阵称为**上三角形矩阵**.

而形如

$$\begin{bmatrix} a_{11} & 0 & \cdots & 0 \\ a_{21} & a_{22} & \cdots & 0 \\ \vdots & \vdots & & \vdots \\ a_{n1} & a_{n2} & \cdots & a_{nn} \end{bmatrix}$$

的 n 阶矩阵称为**下三角形矩阵**.上三角形矩阵和下三角形矩阵统称为三角形矩阵.对角矩阵是特殊的三角形矩阵.

2.5.4 对称矩阵与反对称矩阵

定义 2-5-4 如果矩阵 $\mathbf{A}=(a_{ij})_{n\times n}$ 的元素满足 $a_{ij}=a_{ji}(i,j=1,2,\cdots,n)$,则称 $\mathbf{A}$ 为 n 阶**对称矩阵**.

例如

$$\mathbf{A}=\begin{bmatrix} 2 & 1 & -3 \\ 1 & 0 & 4 \\ -3 & 4 & -2 \end{bmatrix}$$

就是一个 3 阶对称矩阵.

定义 2-5-5 如果矩阵 $\mathbf{A}=(a_{ij})_{n\times n}$ 的元素满足 $a_{ij}=-a_{ji}(i,j=1,2,\cdots,n)$,则称 $\mathbf{A}$ 为 n 阶**反对称矩阵**.据此,反对称矩阵的对角线元素也应该满足 $a_{ii}=-a_{ii}$,由此推出 $a_{ii}=0(i=1,2,\cdots,n)$.

例如

$$A=\begin{bmatrix}0 & 1 & -3\\ -1 & 0 & 2\\ 3 & -2 & 0\end{bmatrix}$$

就是一个 3 阶反对称矩阵.

定义 2-5-6 对于 n 阶矩阵 $A=(a_{ij})_{n\times n}$,根据研究问题的需要,有时需要计算对应的 n 阶行列式

$$\begin{vmatrix}a_{11} & a_{12} & \cdots & a_{1n}\\ a_{21} & a_{22} & \cdots & a_{2n}\\ \vdots & \vdots & & \vdots\\ a_{n1} & a_{n2} & \cdots & a_{nn}\end{vmatrix},$$

这个行列式称为 **n 阶矩阵 A 的行列式**,记作 $|A|$(或 $\det(A)$,也可以简记为 $|a_{ij}|_n$),即

$$|A|=\begin{vmatrix}a_{11} & a_{12} & \cdots & a_{1n}\\ a_{21} & a_{22} & \cdots & a_{2n}\\ \vdots & \vdots & & \vdots\\ a_{n1} & a_{n2} & \cdots & a_{nn}\end{vmatrix}.$$

必须注意的是:n 阶矩阵 A 是一个 n 行 n 列的数表,而 n 阶行列式 $|A|$ 是一个确定的表达式,表示一个数,这两个概念不要混淆.

习题 2.5

1. 证明:如果 A 是对称(反对称)矩阵,那么 A^{-1} 也是对称(反对称)矩阵.

2. 证明:两个上(下)三角形矩阵的乘积仍是上(下)三角形矩阵.

3. 证明:可逆的上(下)三角形矩阵的逆仍是上(下)三角形矩阵.

4. 证明:如果 A 是对称矩阵且 a_{ij} 为实数,且 $A^2=O$,那么 $A=O$.

5. 设 A 是反对称矩阵,B 是对称矩阵,试证:

(1)A^2 是对称矩阵;

(2)$AB-BA$ 是对称矩阵;

(3)AB 是反对称矩阵的充分必要条件是 $AB=BA$.

2.6 矩阵的初等行变换

2.6.1 初等矩阵与初等变换

【例 2-6-1】 求解线性方程组

$$\begin{cases} x_1+2x_2+x_3=4 & ① \\ x_1-x_2-x_3=-1 & ② \\ 2x_1+3x_2+2x_3=9 & ③ \end{cases}. \tag{2-6-1}$$

解 式①与式③交换,得

$$\begin{cases} 2x_1+3x_2+2x_3=9 & ① \\ x_1-x_2-x_3=-1 & ② \\ x_1+2x_2+x_3=4 & ③ \end{cases}.$$

式③减式②,得

$$\begin{cases} 2x_1+3x_2+2x_3=9 & ① \\ x_1-x_2-x_3=-1 & ② \\ 3x_2+2x_3=5 & ③ \end{cases}.$$

式①减式③,所得结果两边同时除以 2,得

$$\begin{cases} x_1=2 & ① \\ x_1-x_2-x_3=-1 & ② \\ 3x_2+2x_3=5 & ③ \end{cases}.$$

式②减式①,得

$$\begin{cases} x_1=2 & ① \\ x_2+x_3=3 & ② \\ 3x_2+2x_3=5 & ③ \end{cases}.$$

式③减式②乘以 2,得

$$\begin{cases} x_1=2 & ① \\ x_2+x_3=3 & ② \\ x_2=-1 & ③ \end{cases}.$$

式②减式③,得

$$\begin{cases} x_1=2 & ① \\ x_3=4 & ② \\ x_2=-1 & ③ \end{cases}.$$

最后求得方程组(2-6-1)的解,$x_1=2$,$x_2=-1$,$x_3=4$.

上述求解过程中,对方程组用了三种变换:

互换变换:交换方程,改变方程次序;

倍乘变换:以不等于零的数乘某个方程两边;

倍加变换:一个方程的 k 倍加到另一个方程上去.

利用这些变换求解方程组,只需提取方程的系数和常数,得到相应的矩阵,对该矩阵进行变换,便可求得方程组的解.为了利用变换系统全面地介绍方程组的解法,本部分介绍矩阵初等变换的概念及应用.

定义 2-6-1 由单位矩阵 $\boldsymbol{E}$ 经过一次初等变换得到的矩阵称为**初等矩阵.**

为了方便叙述,我们引进三个符号:

(1)$\boldsymbol{E}(i,j)$,表示对单位矩阵 $\boldsymbol{E}$ 做了第 i 行和第 j 行的交换后的初等矩阵;

(2)$\boldsymbol{E}(i(k))$,表示对单位矩阵 $\boldsymbol{E}$ 的第 i 行的所有元素都乘以 k 后的初等矩阵;

(3)$\boldsymbol{E}(ij(k))$,表示对单位矩阵 $\boldsymbol{E}$ 的第 i 行的元素都乘以 k 后加到第 j 行上去得到的初等矩阵.

定理 2-6-1 初等变换可逆;初等矩阵可逆,且

(1)$\boldsymbol{E}(i,j)^{-1}=\boldsymbol{E}(i,j)$;

(2)$\boldsymbol{E}(i(k))^{-1}=\boldsymbol{E}\left(i\left(\frac{1}{k}\right)\right)$;

(3)$\boldsymbol{E}(ij(k))^{-1}=\boldsymbol{E}(ij(-k))$.

即初等变换可逆,且逆变换是同种初等变换.

根据矩阵乘法的定义,用定义 2-6-1 的三种初等矩阵去左乘和右乘一个矩阵,发现有以下三个运算规律:

(1)对调两行或对调两列

左乘:$\boldsymbol{E}_m(i,j)\boldsymbol{A}_{m\times n}$ 相当于把 $\boldsymbol{A}$ 的第 i 行与第 j 行对调;

右乘:$\boldsymbol{A}_{m\times n}\boldsymbol{E}_n(i,j)$ 相当于把 $\boldsymbol{A}$ 的第 i 列与第 j 列对调.

(2)以数 $k \leftrightarrow 0$ 乘某行或某列

左乘：$\boldsymbol{E}_m(i(k))\boldsymbol{A}_{m\times n}$ 相当于用数 k 乘 $\boldsymbol{A}$ 的第 i 行；

右乘：$\boldsymbol{A}_{m\times n}\boldsymbol{E}_n(i(k))$ 相当于用数 k 乘 $\boldsymbol{A}$ 的第 i 列.

(3)以数 k 乘某行（列）后加到另一行（列）上去

左乘：$\boldsymbol{E}_m(ij(k))\boldsymbol{A}_{m\times n}$ 相当于把 $\boldsymbol{A}$ 的第 j 行乘 k 后加到第 i 行；

右乘：$\boldsymbol{A}_{m\times n}\boldsymbol{E}_n(ij(k))$ 相当于把 $\boldsymbol{A}$ 的第 j 列乘 k 后加到第 i 列.

为此，我们介绍以下定理：

定理 2-6-2　设 $\boldsymbol{A}$ 是一个 m 行 n 列的矩阵，对 $\boldsymbol{A}$ 施行一次初等**行变换**，相当于在 $\boldsymbol{A}$ 的**左边乘以**相应的 m 阶初等矩阵；对 $\boldsymbol{A}$ 施行一次初等**列变换**，相当于在 $\boldsymbol{A}$ 的**右边乘以**相应的 n 阶初等矩阵.

定理 2-6-2 把矩阵的初等变换与矩阵的乘法运算联系起来，可以利用初等变换研究矩阵的乘法问题，也可以利用矩阵的乘法运算研究矩阵的初等变换问题.

定义 2-6-2　下面三种变换称为矩阵的**初等行变换**：

(1)对调两行(对调 i,j 两行，记作 $r_i \leftrightarrow r_j$)；

(2)以数 $k \leftrightarrow 0$ 乘某一行中的所有元素(第 i 行乘 k，记作 $r_i \times k$)；

(3)把某一行所有元素的 k 倍加到另一行对应的元素上去(第 j 行的 k 倍加到第 i 行上，记作 $r_i + kr_j$).

把定义中的“行”换成“列”，即得矩阵的**初等列变换**的定义(所用记号是把“r”换成“c”).

矩阵的初等行变换与初等列变换，统称**初等变换**.

定义 2-6-3　如果矩阵 $\boldsymbol{A}$ 经有限次初等行变换变成矩阵 $\boldsymbol{B}$，就称矩阵 $\boldsymbol{A}$ 与 $\boldsymbol{B}$ 等价，记作 $\boldsymbol{A} \sim \boldsymbol{B}$.

矩阵之间的等价关系具有下列性质：

(1)反身性　$\boldsymbol{A} \sim \boldsymbol{A}$；

(2)对称性　若 $\boldsymbol{A} \sim \boldsymbol{B}$，则 $\boldsymbol{B} \sim \boldsymbol{A}$；

(3)传递性　若 $\boldsymbol{A} \sim \boldsymbol{B}$，$\boldsymbol{B} \sim \boldsymbol{C}$，则 $\boldsymbol{A} \sim \boldsymbol{C}$.

数学中把具有上述三条性质的关系称为**等价**. 若两个方程组同解，则称这**两个方程组等价**.

2.6.2 行最简形矩阵

【例 2-6-2】 已知矩阵 $\boldsymbol{A}=\begin{bmatrix}4&6&0&14\\-1&1&-1&0\\0&5&-2&7\\1&2&1&3\end{bmatrix}$，对其施以如下初等行变换：

$$\boldsymbol{A}=\begin{bmatrix}4&6&0&14\\-1&1&-1&0\\0&5&-2&7\\1&2&1&3\end{bmatrix}\xrightarrow{r_1\leftrightarrow r_4}\begin{bmatrix}1&2&1&3\\-1&1&-1&0\\0&5&-2&7\\4&6&0&14\end{bmatrix}\xrightarrow[r_4-4r_1]{r_2+r_1}\begin{bmatrix}1&2&1&3\\0&3&0&3\\0&5&-2&7\\0&-2&-4&2\end{bmatrix}$$

$$\xrightarrow[\substack{r_3-5r_2\\r_4+2r_2}]{\frac{1}{3}\times r_2}\begin{bmatrix}1&2&1&3\\0&1&0&1\\0&0&-2&2\\0&0&-4&4\end{bmatrix}\xrightarrow[(-\frac{1}{2})\times r_3]{r_4-2r_3}\begin{bmatrix}1&2&1&3\\0&1&0&1\\0&0&1&-1\\0&0&0&0\end{bmatrix}=\boldsymbol{B}.$$

这里的矩阵 $\boldsymbol{B}$ 根据其特点称为行阶梯形矩阵.

定义 2-6-4 满足下列条件的矩阵称为**行阶梯形矩阵**：

(1)从上而下的各行中，各非零行的首非零元位于上一行首非零元之右；

(2)元素全为零的行(如果有的话)位于矩阵的最下方.

下列两个矩阵就是行阶梯形矩阵：

$$\begin{bmatrix}0&1&2&1\\0&0&0&5\\0&0&0&0\end{bmatrix},\begin{bmatrix}2&1&2&1\\0&1&1&1\\0&0&1&2\\0&0&0&5\end{bmatrix}.$$

对例 2-6-2 中矩阵 $\boldsymbol{B}$ 继续施以初等行变换：

$$\boldsymbol{B}=\begin{bmatrix}1&2&1&3\\0&1&0&1\\0&0&1&-1\\0&0&0&0\end{bmatrix}\xrightarrow{r_1-r_3}\begin{bmatrix}1&2&0&4\\0&1&0&1\\0&0&1&-1\\0&0&0&0\end{bmatrix}\xrightarrow{r_1-2r_2}\begin{bmatrix}1&0&0&2\\0&1&0&1\\0&0&1&-1\\0&0&0&0\end{bmatrix}=\boldsymbol{C}.$$

这种特殊的行阶梯形矩阵 $\boldsymbol{C}$ 称为**行最简形矩阵**.

定义 2-6-5 一般地，满足下列条件的行阶梯形矩阵称为行最简形矩阵：

(1)各非零行的首非零元素是 1；

(2)每个首非零元素所在列的其他元素都是 0.

行最简形矩阵如：

$$\begin{bmatrix}0&1&2&0\\0&0&0&1\\0&0&0&0\end{bmatrix},\begin{bmatrix}1&0&0&0\\0&1&0&0\\0&0&1&0\\0&0&0&1\end{bmatrix}.$$

定理 2-6-3 (行最简形矩阵存在性)对于任何矩阵 $\boldsymbol{A}$，总可以经过有限次的初等行变换把它变为行阶梯形矩阵和行最简形矩阵.

下面，用矩阵的初等行变换再解例 2-6-1 中的方程组.

【例 2-6-3】 解方程组 $\begin{cases}x_1+2x_2+x_3=4 & ①\\x_1-x_2-x_3=-1 & ②\\2x_1+3x_2+2x_3=9 & ③\end{cases}.$

解 将方程组中的系数和常数提取出来，得到增广矩阵

$$\boldsymbol{A}=\begin{bmatrix}1&2&1&4\\1&-1&-1&-1\\2&3&2&9\end{bmatrix},$$

对该矩阵进行初等行变换，得

$$\boldsymbol{A}=\begin{bmatrix}1&2&1&4\\1&-1&-1&-1\\2&3&2&9\end{bmatrix}\xrightarrow{r_1\leftrightarrow r_3}\begin{bmatrix}2&3&2&9\\1&-1&-1&-1\\1&2&1&4\end{bmatrix}\xrightarrow{r_3-r_2}\begin{bmatrix}2&3&2&9\\1&-1&-1&-1\\0&3&2&5\end{bmatrix}$$

$$\xrightarrow[\frac{1}{2}r_1]{r_1-r_3}\begin{bmatrix}1&0&0&2\\1&-1&-1&-1\\0&3&2&5\end{bmatrix}\xrightarrow[r_3+2r_2]{r_2-r_1}\begin{bmatrix}1&0&0&2\\0&-1&-1&-3\\0&1&0&-1\end{bmatrix}$$

$$\xrightarrow[(-1)\cdot r_2]{r_2+r_3}\begin{bmatrix}1&0&0&2\\0&0&1&4\\0&1&0&-1\end{bmatrix}\xrightarrow{r_2\leftrightarrow r_3}\begin{bmatrix}1&0&0&2\\0&1&0&-1\\0&0&1&4\end{bmatrix}=\boldsymbol{B}.$$

再将矩阵 $\boldsymbol{B}$ 还原成方程组，可得解：

$$\begin{cases}x_1=2\\x_2=-1\\x_3=4\end{cases}.$$

2.6.3 用初等行变换求矩阵的逆

定义 2-6-6 如果一个矩阵 $\widetilde{A}$ 左上角是一个单位矩阵 $\boldsymbol{E}$，其余元素全为零，是某一个矩阵 $\boldsymbol{A}$ 通过初等行变换或初等列变换后得到的结果，这样的矩阵 $\widetilde{A}$ 称为矩阵 $\boldsymbol{A}$ 的**等价标准形**. 如，下列矩阵分别是某矩阵的等价标准形：

$$\begin{bmatrix}1&0&0&0\\0&1&0&0\\0&0&1&0\\0&0&0&0\end{bmatrix},\begin{bmatrix}1&0&0&0\\0&1&0&0\\0&0&0&0\end{bmatrix},\begin{bmatrix}1&0&0&0&0\\0&1&0&0&0\\0&0&1&0&0\end{bmatrix},$$

定理 2-6-4 对于任何矩阵 $\boldsymbol{A}$，总可以经过有限次的初等变换(行变换和列变换)把它化为标准形：

$$\boldsymbol{A}\sim\widetilde{\boldsymbol{A}}=\begin{pmatrix}\boldsymbol{E}_r&\boldsymbol{O}\\\boldsymbol{O}&\boldsymbol{O}\end{pmatrix}_{m\times n}.$$

根据定理 2-6-2 和定义 2-6-3，可以得到以下推论：

推论 2-6-1 方阵 $\boldsymbol{A}$ 可逆的充分必要条件是 $\boldsymbol{A}$ 可以通过有限次初等行变换化为单位矩阵 $\boldsymbol{E}$.

所以，当 n 阶矩阵 $\boldsymbol{A}$ 可逆时，存在初等矩阵 $\boldsymbol{P}_1,\boldsymbol{P}_2,\cdots,\boldsymbol{P}_s$，使得

$$\boldsymbol{P}_s\cdots\boldsymbol{P}_2\boldsymbol{P}_1\boldsymbol{A}=\boldsymbol{E},$$

即 $\boldsymbol{A}^{-1}=\boldsymbol{P}_s\cdots\boldsymbol{P}_2\boldsymbol{P}_1$，$\boldsymbol{A}=\boldsymbol{P}_1^{-1}\boldsymbol{P}_2^{-1}\cdots\boldsymbol{P}_s^{-1}$，所以

$$\boldsymbol{A}^{-1}(\boldsymbol{A}\mid\boldsymbol{E})=\boldsymbol{P}_s\cdots\boldsymbol{P}_2\boldsymbol{P}_1(\boldsymbol{A}\mid\boldsymbol{E})=(\boldsymbol{E}\mid\boldsymbol{P}_s\cdots\boldsymbol{P}_2\boldsymbol{P}_1)=(\boldsymbol{E}\mid\boldsymbol{A}^{-1}).$$

注意：(1)对 $n\times 2n$ 矩阵 $(\boldsymbol{A}\mid\boldsymbol{E})$ 施行初等行变换，当把 $\boldsymbol{A}$ 变成 $\boldsymbol{E}$ 时，原来的 $\boldsymbol{E}$ 就变成 $\boldsymbol{A}$ 的逆矩阵 $\boldsymbol{A}^{-1}$；

(2)当 $\boldsymbol{A}$ 变不成 $\boldsymbol{E}$ 时，$\boldsymbol{A}$ 的逆矩阵 $\boldsymbol{A}^{-1}$ 不存在.

【例 2-6-4】 设矩阵 $\boldsymbol{A}=\begin{bmatrix}1&2&3\\2&2&1\\3&4&3\end{bmatrix}$，求 $\boldsymbol{A}^{-1}$.

解　对矩阵$(\boldsymbol{A}\,\vdots\,\boldsymbol{E})$做初等行变换，得

$$(\boldsymbol{A}\,\vdots\,\boldsymbol{E})=\begin{bmatrix}1&2&3&1&0&0\\2&2&1&0&1&0\\3&4&3&0&0&1\end{bmatrix}\xrightarrow[r_3-3r_1]{r_2-2r_1}\begin{bmatrix}1&2&3&1&0&0\\0&-2&-5&-2&1&0\\0&-2&-6&-3&0&1\end{bmatrix}\xrightarrow[r_3-r_2]{r_1+r_2}$$

$$\begin{bmatrix}1&0&-2&-1&1&0\\0&-2&-5&-2&1&0\\0&0&-1&-1&-1&1\end{bmatrix}\xrightarrow[r_2-5r_3]{r_1-2r_3}\begin{bmatrix}1&0&0&1&3&-2\\0&-2&0&3&6&-5\\0&0&-1&-1&-1&1\end{bmatrix}$$

$$\xrightarrow[(-1)\cdot r_3]{-\frac{1}{2}r_2}\begin{bmatrix}1&0&0&1&3&-2\\0&1&0&-\frac{3}{2}&-3&\frac{5}{2}\\0&0&1&1&1&-1\end{bmatrix}.$$

所以

$$\boldsymbol{A}^{-1}=\begin{bmatrix}1&3&-2\\-\frac{3}{2}&-3&\frac{5}{2}\\1&1&-1\end{bmatrix}.$$

需要注意的是，对分块矩阵$(\boldsymbol{A}\,\vdots\,\boldsymbol{E})$进行初等行变换时，必须始终用行变换，中间**不能用任何列变换.**

另外，在不知道$\boldsymbol{A}$是否可逆时，可直接对$(\boldsymbol{A}\,\vdots\,\boldsymbol{E})$做初等行变换，若在运算过程中，$\boldsymbol{A}$对应的子块出现有的行或列上全为零元素的情况，则$\boldsymbol{A}$不可逆.

2.6.4　用初等行变换求矩阵方程

矩阵方程$\boldsymbol{AX}=\boldsymbol{B}$，若$\boldsymbol{A}$可逆，则$\boldsymbol{X}=\boldsymbol{A}^{-1}\boldsymbol{B}$，因$\boldsymbol{A}$可逆，则$\boldsymbol{A}^{-1}$可逆，于是$\boldsymbol{A}^{-1}=\boldsymbol{Q}_1\boldsymbol{Q}_2\cdots\boldsymbol{Q}_t$，其中$\boldsymbol{Q}_i(i=1,2,\cdots,t)$为初等矩阵，构造分块矩阵$(\boldsymbol{A}\,\vdots\,\boldsymbol{B})$，则

$$\boldsymbol{Q}_1\boldsymbol{Q}_2\cdots\boldsymbol{Q}_t(\boldsymbol{A}\,\vdots\,\boldsymbol{B})=(\boldsymbol{Q}_1\boldsymbol{Q}_2\cdots\boldsymbol{Q}_t\boldsymbol{A}\,\vdots\,\boldsymbol{Q}_1\boldsymbol{Q}_2\cdots\boldsymbol{Q}_t\boldsymbol{B})=(\boldsymbol{E}\,\vdots\,\boldsymbol{A}^{-1}\boldsymbol{B}).$$

依此得到求$\boldsymbol{A}^{-1}\boldsymbol{B}$的方法：若$\boldsymbol{A}$可逆，构造分块矩阵$(\boldsymbol{A}\,\vdots\,\boldsymbol{B})$，对其做初等行变换，当左边子块$\boldsymbol{A}$化为$\boldsymbol{E}$时，右边子块即为$\boldsymbol{A}^{-1}\boldsymbol{B}$.

【例 2-6-5】 试用初等行变换解矩阵方程

$$\begin{bmatrix}1&3&2\\2&2&-1\\-3&-4&0\end{bmatrix}\boldsymbol{X}=\begin{bmatrix}1&2&2\\-3&2&6\\0&4&3\end{bmatrix}.$$

解 对下列矩阵实行初等行变换：

$$\begin{bmatrix}1&3&2&1&2&2\\2&2&-1&-3&2&6\\-3&-4&0&0&4&3\end{bmatrix}\xrightarrow[r_3+3r_1]{r_2-2r_1}\begin{bmatrix}1&3&2&1&2&2\\0&-4&-5&-5&-2&2\\0&5&6&3&10&9\end{bmatrix}$$

$$\xrightarrow[r_3+\frac{5}{4}r_2]{r_1+\frac{3}{4}r_2}\begin{bmatrix}1&0&-\frac{7}{4}&-\frac{11}{4}&\frac{1}{2}&\frac{7}{2}\\0&-4&-5&-5&-2&2\\0&0&-\frac{1}{4}&-\frac{13}{4}&\frac{15}{2}&\frac{23}{2}\end{bmatrix}$$

$$\xrightarrow[-4r_3]{-\frac{1}{4}r_2}\begin{bmatrix}1&0&-\frac{7}{4}&-\frac{11}{4}&\frac{1}{2}&\frac{7}{2}\\0&1&\frac{5}{4}&\frac{5}{4}&\frac{1}{2}&-\frac{1}{2}\\0&0&1&13&-30&-46\end{bmatrix}$$

$$\xrightarrow[r_2-\frac{5}{4}r_3]{r_1+\frac{7}{4}r_3}\begin{bmatrix}1&0&0&20&-52&-77\\0&1&0&-15&38&57\\0&0&1&13&-30&-46\end{bmatrix}.$$

所以，原方程的解为

$$\boldsymbol{X}=\begin{bmatrix}20&-52&-77\\-15&38&57\\13&-30&-46\end{bmatrix}.$$

习题 2.6

1. 用初等行变换求下列矩阵的逆矩阵.

(1) $\begin{bmatrix}2&0&7\\-1&4&5\\3&1&2\end{bmatrix}$；　　(2) $\begin{bmatrix}-2&-5&2\\3&7&-3\\-4&-10&3\end{bmatrix}$；

(3) $\begin{bmatrix} 1 & a & a^2 & a^3 \\ 0 & 1 & a & a^2 \\ 0 & 0 & 1 & a \\ 0 & 0 & 0 & 1 \end{bmatrix}$； (4) $\begin{bmatrix} 1 & 1 & 1 & 1 \\ 1 & 1 & -1 & -1 \\ 1 & -1 & 1 & -1 \\ 1 & -1 & -1 & 1 \end{bmatrix}$.

2. 试用初等行变换解矩阵方程.

(1)已知矩阵方程 $\begin{bmatrix} 1 & 2 \\ 1 & 3 \end{bmatrix}\boldsymbol{X}=\begin{bmatrix} 1 & 0 \\ 0 & 1 \end{bmatrix}$，求矩阵 $\boldsymbol{X}$.

(2)已知 $\boldsymbol{A}=\begin{bmatrix} 3 & 0 & 1 \\ 1 & 1 & 0 \\ 0 & 1 & 4 \end{bmatrix}$，使 $\boldsymbol{AX}=\boldsymbol{A}+2\boldsymbol{X}$，求矩阵 $\boldsymbol{X}$.

2.7 矩阵的秩

不同的矩阵之间，除了行列数可能会有不同外，构成的元素也可能不同. 根据我们研究问题的需要，还要准确把握矩阵的其他特征，哪些是反映矩阵特征的指标呢？矩阵的秩就是其中一个，在矩阵论中是一个重要的概念.

2.7.1 矩阵的秩的概念

在介绍矩阵的秩的概念之前，先给出矩阵的子式的定义.

定义 2-7-1 设 $\boldsymbol{A}$ 是一个 $m\times n$ 矩阵，在 $\boldsymbol{A}$ 中任取 k 行、k 列，位于这些行和列相交处的元素，按它们原来相对位置不变，组成一个 k 阶行列式，称为矩阵 $\boldsymbol{A}$ 的一个 k 阶**子式**.

【例 2-7-1】 设矩阵

$$\boldsymbol{A}=\begin{bmatrix} 3 & 1 & -2 & 5 & 4 \\ 0 & 3 & 8 & 3 & -2 \\ 0 & 0 & 7 & 4 & 1 \\ 0 & 0 & 0 & 0 & 0 \end{bmatrix},$$

取 $\boldsymbol{A}$ 的第 1、2、3、4 行与第 2、3、4、5 列相交处的元素组成一个 $\boldsymbol{A}$ 的四阶子式

$$\begin{vmatrix}1 & -2 & 5 & 4\\3 & 8 & 3 & -2\\0 & 7 & 4 & 1\\0 & 0 & 0 & 0\end{vmatrix}=0,$$

取 $\boldsymbol{A}$ 的第 1、2、3 行与第 1、2、3 列相交处的元素组成一个 $\boldsymbol{A}$ 的三阶子式

$$\begin{vmatrix}3 & 1 & -2\\0 & 3 & 8\\0 & 0 & 7\end{vmatrix}=63\neq 0,$$

可以看出，因为 $\boldsymbol{A}$ 中有一行全为零，任何一个四阶子式均为零，而三阶子式不全为零，三阶子式的阶是矩阵 $\boldsymbol{A}$ 中不等于零的子式的最高阶数，我们给它一个定义.

定义 2-7-2　设在矩阵 $\boldsymbol{A}$ 中有一个不等于零的 r 阶子式 $\boldsymbol{D}$，且所有 $r+1$ 阶子式(如果存在的话)全等于零，那么 $\boldsymbol{D}$ 称为矩阵 $\boldsymbol{A}$ 的最高阶**非零子式**，数 r 称为矩阵 $\boldsymbol{A}$ 的**秩**，记作 $R(\boldsymbol{A})$. 并规定零矩阵的秩等于零.

例 2-7-1 中矩阵 $\boldsymbol{A}$ 的秩等于 3，即 $R(\boldsymbol{A})=3$.

【例 2-7-2】　求矩阵 $\boldsymbol{A}=\begin{bmatrix}1 & 2 & 3 & 0\\0 & 1 & 0 & 1\\0 & 0 & 1 & 0\end{bmatrix}$ 的秩.

解　因 $\begin{vmatrix}1 & 2 & 3\\0 & 1 & 0\\0 & 0 & 1\end{vmatrix}=1\neq 0$，存在一个三阶子式不为零，$\boldsymbol{A}$ 没有四阶子式，所以 $R(\boldsymbol{A})=3$.

【例 2-7-3】　设矩阵

$$\boldsymbol{A}=\begin{bmatrix}k & 1 & 1 & 1\\1 & k & 1 & 1\\1 & 1 & k & 1\\1 & 1 & 1 & k\end{bmatrix},$$

且 $R(\boldsymbol{A})=3$，求 k.

解　由于 $R(\boldsymbol{A})=3<4$，所以 $\boldsymbol{A}$ 的四阶子式为零，即

$$|\boldsymbol{A}|=\begin{vmatrix}k & 1 & 1 & 1\\1 & k & 1 & 1\\1 & 1 & k & 1\\1 & 1 & 1 & k\end{vmatrix}=(k+3)(k-1)^3,$$

故必有 $|\boldsymbol{A}|=0$，即有 $k=-3$ 或 $k=1$. 而 $k=1$ 时，$R(\boldsymbol{A})=1$，与题设矛盾. 因此 $k=-3$.

需要说明的是，如果根据矩阵秩的定义求矩阵的秩，解题的关键是找到矩阵不等于零的最高阶子式，求解的过程中可能要反复做行列式的计算. 一般地，矩阵的行列数越多计算量越大. 为此，下面介绍求矩阵的秩的另外一种方法，用矩阵的初等行变换求矩阵的秩.

2.7.2 初等行变换法求矩阵的秩

由矩阵的秩的定义可得关于阶梯形矩阵的以下性质：

性质 2-7-1 阶梯形矩阵的秩等于它的非零行的行数.

性质 2-7-2 初等行变换不改变矩阵的秩.

性质 2-7-3 n 阶可逆矩阵的秩等于 n，反之亦成立，即若一个 n 阶矩阵 $\boldsymbol{A}$ 的秩为 n，则 $\boldsymbol{A}$ 必可逆.

定义 2-7-3 如果 n 阶可逆矩阵 $\boldsymbol{A}$ 的秩等于 n，则称矩阵 $\boldsymbol{A}$ 为**满秩矩阵**.

根据以上性质及定义，可得到如下定理：

定理 2-7-1 任何矩阵 $\boldsymbol{A}=(a_{ij})_{m\times n}$ 都可以经过一系列初等行变换化成阶梯形矩阵，矩阵 $\boldsymbol{A}$ 的秩等于其相应阶梯形矩阵非零行的行数.

在例 2-7-1 中，矩阵 $\boldsymbol{A}$ 已经是行阶梯形矩阵了，非零行的行数是 3，所以 $R(\boldsymbol{A})=3$.

【例 2-7-4】 求矩阵 $\boldsymbol{A}=\begin{bmatrix}3 & 1 & 0 & 2\\1 & -1 & 2 & -1\\1 & 3 & -4 & 4\end{bmatrix}$ 的秩.

解

$$\boldsymbol{A}=\begin{bmatrix}3 & 1 & 0 & 2\\1 & -1 & 2 & -1\\1 & 3 & -4 & 4\end{bmatrix}\xrightarrow{r_1\leftrightarrow r_2}\begin{bmatrix}1 & -1 & 2 & -1\\3 & 1 & 0 & 2\\1 & 3 & -4 & 4\end{bmatrix}\xrightarrow[r_3-r_1]{r_2-3r_1}\begin{bmatrix}1 & -1 & 2 & -1\\0 & 4 & -6 & 5\\0 & 4 & -6 & 5\end{bmatrix}$$

$$\xrightarrow{r_3-r_2}\begin{bmatrix}1&-1&2&-1\\0&4&-6&5\\0&0&0&0\end{bmatrix}=\boldsymbol{B}.$$

$\boldsymbol{B}$ 是阶梯形矩阵，有两个非零行，因此 $R(\boldsymbol{A})=2$.

【例 2-7-5】 设 $\boldsymbol{A}=\begin{bmatrix}1&-1&1&2\\3&\lambda&-1&2\\5&3&\mu&6\end{bmatrix}$，且 $R(\boldsymbol{A})=2$，求 λ 和 μ.

解

$$\boldsymbol{A}=\begin{bmatrix}1&-1&1&2\\3&\lambda&-1&2\\5&3&\mu&6\end{bmatrix}\xrightarrow[r_3-5r_1]{r_2-3r_1}\begin{bmatrix}1&-1&1&2\\0&\lambda+3&-4&-4\\0&8&\mu-5&-4\end{bmatrix}\xrightarrow{r_3-r_2}\begin{bmatrix}1&-1&1&2\\0&\lambda+3&-4&-4\\0&5-\lambda&\mu-1&0\end{bmatrix}$$

因 $R(\boldsymbol{A})=2$，所以 $5-\lambda=0,\mu-1=0$，即 $\lambda=5,\mu=1$.

2.7.3 矩阵秩的性质

矩阵的秩是反映矩阵特征的一个重要指标. 关于矩阵的秩的性质，再给出以下定理.

定理 2-7-2 设 $\boldsymbol{A}=(a_{ij})_{m\times n}$，关于 $\boldsymbol{A}$ 的秩有如下结论：

$0\leqslant R(\boldsymbol{A}_{m\times n})\leqslant\min\{m,n\}$；

$R(\boldsymbol{A}^{\mathrm{T}})=R(\boldsymbol{A})$；

若 $\boldsymbol{P},\boldsymbol{Q}$ 可逆，则 $R(\boldsymbol{PAQ})=R(\boldsymbol{A})$；

$R(\boldsymbol{A}\pm\boldsymbol{B})\leqslant R(\boldsymbol{A})+R(\boldsymbol{B})$；

$R(\boldsymbol{AB})\leqslant\min\{R(\boldsymbol{A}),R(\boldsymbol{B})\}$.

【例 2-7-6】 设 $\boldsymbol{A}$ 为 n 阶矩阵，证明 $R(\boldsymbol{A}+\boldsymbol{E})+R(\boldsymbol{A}-\boldsymbol{E})\geqslant n$.

证明 因为

$$R(\boldsymbol{A}+\boldsymbol{E})+R(\boldsymbol{A}-\boldsymbol{E})\geqslant R[(\boldsymbol{A}+\boldsymbol{E})-(\boldsymbol{A}-\boldsymbol{E})]=R(2\boldsymbol{E})=n,$$

所以

$$R(\boldsymbol{A}+\boldsymbol{E})+R(\boldsymbol{A}-\boldsymbol{E})\geqslant n.$$

讨论过矩阵的秩后，矩阵 $\boldsymbol{A}$ 可逆的充分必要条件可以通过以下推论进行总结：

推论 2-7-1 n 阶矩阵 $\boldsymbol{A}$ 可逆的充分必要条件有：

$R(\boldsymbol{A})=n$；

$\boldsymbol{A}$ 的标准形是单位矩阵 $\boldsymbol{E}$；

$\boldsymbol{A}\sim\boldsymbol{E}$；

$\boldsymbol{A}$ 是满秩的；

$\boldsymbol{A}$ 是非奇异的；

$|\boldsymbol{A}|\neq 0$.

习题 2.7

1. 求下列矩阵的秩.

(1) $\begin{bmatrix}3 & 1 & 0 & 2\\ 1 & -1 & 2 & -1\\ 1 & 3 & -4 & 4\end{bmatrix}$； (2) $\begin{bmatrix}3 & 2 & -1 & -3 & -2\\ 2 & -1 & 3 & 1 & -3\\ 7 & 0 & 5 & -1 & 8\end{bmatrix}$；

(3) $\begin{bmatrix}3 & 2 & -1 & 2 & 0 & 1\\ 4 & 1 & 0 & -3 & 0 & 2\\ 2 & -1 & -2 & 1 & 1 & -3\\ 3 & 1 & 3 & -9 & -1 & 6\\ 3 & -1 & 5 & 7 & 2 & -7\end{bmatrix}$； (4) $\begin{bmatrix}1 & 1 & 2 & 2 & 1\\ 0 & 2 & 1 & 5 & -1\\ 2 & 0 & 3 & -1 & 3\\ 1 & 1 & 0 & 4 & -1\end{bmatrix}$.

2. 设 $\boldsymbol{A}$ 为分块矩阵

$$\boldsymbol{A}=\begin{bmatrix}\boldsymbol{O} & \boldsymbol{B}\\ \boldsymbol{C} & \boldsymbol{O}\end{bmatrix}$$

问 $R(\boldsymbol{A})$ 与 $R(\boldsymbol{B})$、$R(\boldsymbol{C})$ 有什么关系？

3. 设 $\boldsymbol{A},\boldsymbol{B}$ 为 n 阶方阵，且 $\boldsymbol{AB}=\boldsymbol{O}$，试证：$R(\boldsymbol{A})+R(\boldsymbol{B})\leqslant n$.

4. 试证：若 $\boldsymbol{A}$ 为 n 阶方阵($n\geqslant 2$)，则 $R(\boldsymbol{A}^*)=\begin{cases}n, & 当\ R(\boldsymbol{A})=n\ 时,\\ 1, & 当\ R(\boldsymbol{A})=n-1\ 时,\\ 0, & 当\ R(\boldsymbol{A})<n-1\ 时.\end{cases}$

2.8 矩阵的应用

矩阵理论既是学习经典数学的基础，也是一门很有实用价值的理论. 随着科学技术的发展，这一理论已成为现代各科技领域处理大量有限维空间形式与数量关系的强有力工具，而计算机的广泛应用和 MATLAB 等数学计算软件的迅猛普及为矩阵分析法提供了更为广阔的发展和应用前景.

2.8.1 矩阵初等变换在人口流动问题中的应用

【例 2-8-1】 设某中小城市及郊区乡镇共有 30 万人从事农、工、商工作，假设这个总人数在若干年内保持不变，而社会调查表明：

(1)在这 30 万就业人员中，目前约有 15 万人从事农业，9 万人从事工业，6 万人从事商业；

(2)在务农人员中，每年约有 20%改为务工，10%改为经商；

(3)在务工人员中，每年约有 20%改为务农，10%改为经商；

(4)在经商人员中，每年约有 10%改为务农，10%改为务工；

现想预测 1 年和 2 年后从事各业人员的人数，以及经过多年之后，从事各业人员总数之间的发展趋势.

解 设 x_i, y_i, z_i 表示第 i 年后分别从事农、工、商的人员总数，则 $x_0=15, y_0=9, z_0=6$，现要求 x_1, y_1, z_1 和 x_2, y_2, z_2，并考察当 n 年后 x_n, y_n, z_n 的发展趋势.

根据题意，1 年后从事农、工、商的人员总数应为

$$\begin{cases} x_1=0.7x_0+0.2y_0+0.1z_0 \\ y_1=0.2x_0+0.7y_0+0.1z_0 \\ z_1=0.1x_0+0.1y_0+0.8z_0 \end{cases},$$

即

$$\begin{bmatrix} x_1 \\ y_1 \\ z_1 \end{bmatrix} = \begin{bmatrix} 0.7 & 0.2 & 0.1 \\ 0.2 & 0.7 & 0.1 \\ 0.1 & 0.1 & 0.8 \end{bmatrix} \begin{bmatrix} x_0 \\ y_0 \\ z_0 \end{bmatrix} = \mathbf{A} \begin{bmatrix} x_0 \\ y_0 \\ z_0 \end{bmatrix},$$

其中 $\boldsymbol{A}=\begin{bmatrix}0.7 & 0.2 & 0.1\\0.2 & 0.7 & 0.1\\0.1 & 0.1 & 0.8\end{bmatrix}$. 将 $x_0=15, y_0=9, z_0=6$ 代入上式,可得

$$\begin{bmatrix}x_1\\y_1\\z_1\end{bmatrix}=\boldsymbol{A}\begin{bmatrix}15\\9\\6\end{bmatrix}=\begin{bmatrix}0.7 & 0.2 & 0.1\\0.2 & 0.7 & 0.1\\0.1 & 0.1 & 0.8\end{bmatrix}\begin{bmatrix}15\\9\\6\end{bmatrix}=\begin{bmatrix}12.9\\9.9\\7.2\end{bmatrix}.$$

即 1 年后从事农、工、商的人员总数分别为 12.9 万人、9.9 万人、7.2 万人. 当 $n=2$ 时,有

$$\begin{bmatrix}x_2\\y_2\\z_2\end{bmatrix}=\boldsymbol{A}\begin{bmatrix}x_1\\y_1\\z_1\end{bmatrix}=\boldsymbol{A}^2\begin{bmatrix}x_0\\y_0\\z_0\end{bmatrix}=\begin{bmatrix}0.7 & 0.2 & 0.1\\0.2 & 0.7 & 0.1\\0.1 & 0.1 & 0.8\end{bmatrix}^2\begin{bmatrix}15\\9\\6\end{bmatrix}=\begin{bmatrix}11.73\\10.23\\8.04\end{bmatrix}.$$

即 2 年后从事农、工、商的人员总数分别为 11.73 万人、10.23 万人、8.04 万人. 进而推得

$$\begin{bmatrix}x_n\\y_n\\z_n\end{bmatrix}=\boldsymbol{A}\begin{bmatrix}x_{n-1}\\y_{n-1}\\z_{n-1}\end{bmatrix}=\boldsymbol{A}^n\begin{bmatrix}x_0\\y_0\\z_0\end{bmatrix}=\begin{bmatrix}0.7 & 0.2 & 0.1\\0.2 & 0.7 & 0.1\\0.1 & 0.1 & 0.8\end{bmatrix}^n\begin{bmatrix}15\\9\\6\end{bmatrix}.$$

即 n 年后从事农、工、商的人员总数由 $\boldsymbol{A}^n$ 决定.

2.8.2 矩阵在密码学中的应用

在密码学中,原来的消息称为明文,经过伪装的明文则变成密文. 由明文变成密文的过程称为加密. 由密文变成明文的过程称为译密. 改变明文的方法称为密码. 密码在军事上和商业上是一种保密通信技术. 矩阵在保密通信中发挥了重要的作用.

当矩阵 $\boldsymbol{A}$ 可逆时,对 $\boldsymbol{R}^n$ 的所有 $\boldsymbol{X}$ 有等式 $\boldsymbol{A}^{-1}\boldsymbol{AX}=\boldsymbol{X}$,说明 $\boldsymbol{A}^{-1}$ 把向量 $\boldsymbol{AX}$ 变回到 $\boldsymbol{X}$,这使人们想到可用可逆矩阵及其逆矩阵对需发送的秘密信息加密和译密.

【例 2-8-2】 假设我们要发送的消息为"ACCOMPLISH THE TASK.". 首先把每个字母 A,B,C,…,Z 映射到数字 1,2,3,…,26. 例如,数 1 表示 A,数 11 表示 K;另外,用 0 表示空格,27 表示句号等. 于是数集

{1,3,3,15,13,16,12,9,19,8,0,20,8,5,0,20,1,19,11,27}

表示消息"ACCOMPLISH THE TASK.",这个消息(按列)写成 4×5 矩阵

$$M=\begin{bmatrix}1&13&19&8&1\\3&16&8&5&19\\3&12&0&0&11\\15&9&20&20&27\end{bmatrix},$$

密码的发送者和接收者都知道的密码矩阵是

$$A=\begin{bmatrix}1&-1&-1&1\\3&0&-3&4\\3&-2&2&-1\\-1&1&2&-2\end{bmatrix},$$

其逆矩阵(译码矩阵)是

$$A^{-1}=\frac{1}{2}\begin{bmatrix}9&1&-1&7\\5&1&-1&5\\-19&-1&3&-13\\-21&-1&3&-15\end{bmatrix},$$

加密后的信息通过通信渠道,以乘积 AM 的形式输出,接收者收到的矩阵为

$$C=AM=\begin{bmatrix}1&-1&-1&1\\3&0&-3&4\\3&-2&2&-1\\-1&1&2&-2\end{bmatrix}\begin{bmatrix}1&13&19&8&1\\3&16&8&5&19\\3&12&0&0&11\\15&9&20&20&27\end{bmatrix}=\begin{bmatrix}10&-6&31&23&-2\\54&39&137&104&78\\-12&22&21&-6&-40\\-22&9&-51&-43&-14\end{bmatrix}.$$

之后接收者通过计算乘积 $A^{-1}C$ 来译出信息:

$$M=A^{-1}C=\frac{1}{2}\begin{bmatrix}9&1&-1&7\\5&1&-1&5\\-19&-1&3&-13\\-21&-1&3&-15\end{bmatrix}\begin{bmatrix}10&-6&31&23&-2\\54&39&137&104&78\\-12&22&21&-6&-40\\-22&9&-51&-43&-14\end{bmatrix}$$

$$=\begin{bmatrix}1&13&19&8&1\\3&16&8&5&19\\3&12&0&0&11\\15&9&20&20&27\end{bmatrix}.$$

接收者再根据数字与 26 个英文字母、空格、句号的对应关系,最终获得消息“AC-

COMPLISH THE TASK.".

上述乘法是矩阵乘法与逆矩阵的应用,将线性代数与密码学紧密结合起来.运用数学知识破译密码,进而运用到军事等方面.可见矩阵的作用非常大.

习题 2.8

1. 某企业在一个百万人口城市对其产品销售情况进行市场调研发现:该城市大概有20%的人使用该类产品,但自己的产品市场占有率仅为30%.为了提高市场占有率,就到该城市进行大规模的市场促销.假设每月使用该企业品牌产品的人中有20%将改用其他品牌产品,而原来使用其他品牌产品的人中有50%将改用该企业品牌产品.若该市的产品使用人数保持不变,问3个月后该企业的产品市场占有率是多少?

2. 在对信息加密时,除了用1,2,…,25,26分别代表A,B,…,Y,Z外,还可以用0代表空格,现有一段明码是由下列矩阵 $\boldsymbol{A}$ 加密的,其中

$$\boldsymbol{A}=\begin{bmatrix}-1 & -1 & 2 & 0\\ 1 & 1 & -1 & 0\\ 0 & 0 & -1 & 1\\ 1 & 0 & 0 & -1\end{bmatrix},$$

而且发出去的密文是

$$-19,19,25,-21,0,18,-18,15,3,10,-8,3,-2,20,-7,12$$

试问这段密文对应的明文信息是什么?

矩阵的产生与发展

矩阵是数学中一个重要的基本概念,也是数学研究和应用的一个重要工具."矩阵"这个词是由英国数学家西尔维斯特首先使用的,他为了将数字的矩形阵列区别于行列式而发明了这个术语.实际上,矩阵这个课题在诞生之前就已经发展得很好了.从行列式的大量工作中明显地表现出来,不管行列式的值是否与问题有关,矩阵本身都可以研究和使

用，矩阵的许多基本性质也是在行列式的发展中建立起来的.

英国数学家凯莱(A. Cayley，1821—1895)被公认为矩阵论的创立者. 因为，他首先把矩阵作为一个独立的数学概念提出来并首先发表了关于这个题目的一系列文章. 凯莱出生于一个英国家庭，从剑桥大学三一学院毕业后留校讲授数学，而后他转从律师职业，工作卓有成效，并利用业余时间研究数学，发表了大量的数学论文. 1858 年，他发表了论文《矩阵论的研究报告》，系统地阐述了关于矩阵的理论. 论文中他定义了矩阵的相等、矩阵的运算法则、矩阵的转置及矩阵的逆等一系列基本概念，指出了矩阵加法的可交换性与可结合性. 另外，凯莱还给出了方阵的特征方程和特征根(特征值)以及有关矩阵的一些基本性质.

1855 年，埃尔米特(C. Hermite，1822—1901)证明了其他数学家发现的一些矩阵类的特征根的特殊性质，如现在称为埃尔米特矩阵的特征根性质等.

在矩阵论的发展史上，弗罗伯纽斯(G. Frobenius，1849—1917)的贡献是不可磨灭的. 他讨论了最小多项式问题，引出了矩阵的秩、不变因子和初等因子、正交矩阵、矩阵的相似变换、合同矩阵等概念，以合乎逻辑的形式整理了不变因子和初等因子的理论，并讨论了正交矩阵与合同矩阵的一些重要性质.

矩阵本身所具有的性质依赖于元素的性质，矩阵由最初作为一种工具，经过两个多世纪的发展，现在已成为独立的一门数学分支——矩阵论. 而矩阵论又可分为矩阵方程论、矩阵分解论和广义矩阵论等矩阵的现代理论.

总复习题 2

一、填空题.

1. 设 $\boldsymbol{A}$ 是 3 阶方阵，且 $|\boldsymbol{A}|=-3$，则 $|\boldsymbol{A}^{-1}|=$________.

2. 设 $\boldsymbol{A}$ 既是对称矩阵，又是反对称矩阵，则 $\boldsymbol{A}$ 为________矩阵.

3. 设 $\boldsymbol{A}=\begin{bmatrix}1 & 1 & 1\\ 2 & 2 & 2\\ 3 & 3 & 3\end{bmatrix}$，则 $\boldsymbol{A}^{100}=$________.

4. 若 $\begin{bmatrix}x & y\\ 1 & 4\end{bmatrix}+\begin{bmatrix}2y & -4x\\ -1 & -3\end{bmatrix}=\begin{bmatrix}1 & 0\\ 0 & 1\end{bmatrix}$，则 $x=$________，$y=$________.

5. 设 $\boldsymbol{A}=[1\quad 1\quad 1]$, $\boldsymbol{B}=[-1\quad -1\quad -1]$, 则 $\boldsymbol{A}\boldsymbol{B}^{\mathrm{T}}=$ ________, $\boldsymbol{A}^{\mathrm{T}}\boldsymbol{B}=$ ________.

6. 若已知矩阵 $\boldsymbol{A},\boldsymbol{B},\boldsymbol{X},\boldsymbol{E}$ 满足 $\boldsymbol{A}+\boldsymbol{B}-3\boldsymbol{X}=\boldsymbol{E}$, 则 $\boldsymbol{X}=$ ________.

7. 设 $\boldsymbol{A}$ 是 $m\times n$ 阶矩阵, $\boldsymbol{B}$ 是 $s\times m$ 阶矩阵, 则 $\boldsymbol{A}^{\mathrm{T}}\boldsymbol{B}^{\mathrm{T}}$ 是________阶矩阵.

8. 设 $\boldsymbol{A}=\begin{bmatrix}1&3&5\\0&2&6\\0&0&3\end{bmatrix}$, 则 $|\boldsymbol{A}^*|=$ ________, $(\boldsymbol{A}^*)^{-1}=$ ________, $(\boldsymbol{A}^*)^*=$ ________.

9. 设 $\boldsymbol{A}=\begin{bmatrix}1&0&0\\0&2&0\\0&0&3\end{bmatrix}$, 则 $\boldsymbol{A}^{-1}=$ ________.

10. 设 $\boldsymbol{A}=\begin{bmatrix}2&2\\-3&-3\end{bmatrix}$, $\boldsymbol{B}=\begin{bmatrix}1&-1\\-1&1\end{bmatrix}$, 则 $\boldsymbol{A}\boldsymbol{B}=$ ________, $\boldsymbol{B}\boldsymbol{A}=$ ________.

二、选择题

1. 关于初等矩阵,下列说法正确的是(　　).

A. 初等矩阵都是可逆矩阵

B. 初等矩阵的行列式的值等于1

C. 初等矩阵相乘后仍为初等矩阵

D. 初等矩阵相加后仍为初等矩阵

2. 下列关于矩阵的初等行变换的表述不正确的是(　　).

A. 初等行变换不改变矩阵的秩

B. 任意一个矩阵经过若干次的初等行变换都可以化为单位矩阵

C. 任意一个可逆矩阵经过若干次的初等行变换都可以化为单位矩阵

D. 对矩阵 $\boldsymbol{A}_{m\times n}$ 进行一次初等行变换相当于对 $\boldsymbol{A}$ 左乘相应的 m 阶初等矩阵

3. 设 $\boldsymbol{A},\boldsymbol{B}$ 均为 n 阶方阵,则下列结论正确的是(　　).

A. $(\boldsymbol{A}\boldsymbol{B})^{\mathrm{T}}=\boldsymbol{A}^{\mathrm{T}}\boldsymbol{B}^{\mathrm{T}}$　　B. $\det(\boldsymbol{A}+\boldsymbol{B})=\det\boldsymbol{A}+\det\boldsymbol{B}$

C. $(\boldsymbol{A}\boldsymbol{B})^{-1}=\boldsymbol{B}^{-1}\boldsymbol{A}^{-1}$　　D. $(\boldsymbol{A}+\boldsymbol{B})^2=\boldsymbol{A}^2+2\boldsymbol{A}\boldsymbol{B}+\boldsymbol{B}^2$

4. 设 $\boldsymbol{A},\boldsymbol{B}$ 均为 n 阶方阵,则必有(　　).

A. $|\boldsymbol{A}+\boldsymbol{B}|=|\boldsymbol{A}|+|\boldsymbol{B}|$　　B. $\boldsymbol{A}\boldsymbol{B}=\boldsymbol{B}\boldsymbol{A}$

C. $|\boldsymbol{A}\boldsymbol{B}|=|\boldsymbol{B}\boldsymbol{A}|$　　D. $(\boldsymbol{A}+\boldsymbol{B})^{-1}=\boldsymbol{A}^{-1}+\boldsymbol{B}^{-1}$.

5. 设矩阵 $A=\begin{bmatrix}1&1&1\\1&2&1\\2&3&\lambda+1\end{bmatrix}$ 的秩为 2，则 $\lambda=$（　　）.

A. 2　　B. 1　　C. 0　　D. -1

6. 在下列矩阵中，可逆的是（　　）.

A. $\begin{bmatrix}0&0&0\\0&1&0\\0&0&2\end{bmatrix}$　　B. $\begin{bmatrix}1&1&0\\3&3&0\\0&0&2\end{bmatrix}$　　C. $\begin{bmatrix}1&1&0\\0&1&1\\1&2&1\end{bmatrix}$　　D. $\begin{bmatrix}1&0&0\\1&1&1\\1&0&1\end{bmatrix}$

7. 设 $\boldsymbol{A},\boldsymbol{B}$ 均为 n 阶对称矩阵，$\boldsymbol{AB}$ 仍然为对称矩阵的充要条件是（　）.

A. $\boldsymbol{A}$ 可逆　　B. $\boldsymbol{B}$ 可逆　　C. $|\boldsymbol{AB}|\neq 0$　　D. $\boldsymbol{AB}=\boldsymbol{BA}$

三、计算题

1. 已知 $\boldsymbol{A}=\begin{bmatrix}2&3&4\\x_1-x_2&5&0\end{bmatrix}$，$\boldsymbol{B}=\begin{bmatrix}2&3&x_1+x_2\\2&5&0\end{bmatrix}$，若 $\boldsymbol{A}=\boldsymbol{B}$，求 x_1,x_2.

2. 设 $\boldsymbol{A}=\begin{bmatrix}1&-1\\3&5\\4&7\end{bmatrix}$，$\boldsymbol{B}=\begin{bmatrix}2&3\\5&1\\0&4\end{bmatrix}$，求 $\boldsymbol{A}+\boldsymbol{B}$，$3\boldsymbol{A}-2\boldsymbol{B}$.

3. 计算下列矩阵的乘积

(1) $\begin{bmatrix}2\\1\\3\end{bmatrix}\begin{bmatrix}1&3&2\end{bmatrix}$；　　(2) $\begin{bmatrix}1&3&2\end{bmatrix}\begin{bmatrix}3\\2\\1\end{bmatrix}$；

(3) $\begin{bmatrix}1&0&1\\0&1&1\\1&2&2\end{bmatrix}\begin{bmatrix}2\\0\\3\end{bmatrix}$；　　(4) $\begin{bmatrix}1&3\\0&1\end{bmatrix}\begin{bmatrix}2&-1\\0&3\end{bmatrix}$；

(5) $\begin{bmatrix}1&2&1&0\\0&1&0&1\\0&0&2&1\\0&0&0&3\end{bmatrix}\begin{bmatrix}1&0&3&1\\0&1&2&-1\\0&0&-2&3\\0&0&0&0\end{bmatrix}$；　　(6) $\begin{bmatrix}2&1&4&0\\1&-1&3&4\end{bmatrix}\begin{bmatrix}1&3&1\\0&-1&2\\1&1&-3\\4&4&0\end{bmatrix}$.

4. 设矩阵 $\boldsymbol{A}=\begin{bmatrix}1&1&1\\1&1&-1\\1&-1&1\end{bmatrix}$，$\boldsymbol{B}=\begin{bmatrix}1&2&3\\-1&-2&4\\0&5&1\end{bmatrix}$，求 $3\boldsymbol{AB}-2\boldsymbol{A}$ 及 $\boldsymbol{A}^{\mathrm{T}}\boldsymbol{B}$.

5. 设矩阵 $\boldsymbol{A}=\begin{bmatrix}1&-1&-1\\2&-1&-3\\-3&4&4\end{bmatrix}$，$\boldsymbol{B}=\begin{bmatrix}1&2&3\\2&2&1\\3&4&3\end{bmatrix}$，求 $\boldsymbol{B}^{\mathrm{T}}\boldsymbol{A}$ 及 $\boldsymbol{A}^{-1}$.

6. 求解矩阵方程

(1) $\begin{bmatrix}1&0&1\\1&1&0\\0&1&1\end{bmatrix}\boldsymbol{X}=\begin{bmatrix}1&1&3\\4&3&2\\1&2&5\end{bmatrix}$；　　(2) $\boldsymbol{X}\begin{bmatrix}1&0&-1\\0&2&2\\1&-1&0\end{bmatrix}=\begin{bmatrix}1&-1&1\\1&1&0\\2&1&1\end{bmatrix}$.

7. 求线性方程组 $\begin{cases}x_1+x_2+x_3=2\\x_1+2x_2+4x_3=3\\x_1+3x_2+9x_3=5\end{cases}$ 的解.

8. 设 $\boldsymbol{A}$ 为三阶方阵，$|\boldsymbol{A}|=\dfrac{1}{2}$，求 $|(3\boldsymbol{A})^{-1}-2\boldsymbol{A}^*|$.

9. 设方阵 $\boldsymbol{A}$ 满足 $\boldsymbol{A}^2-3\boldsymbol{A}=7\boldsymbol{E}$，证明 $\boldsymbol{A}-2\boldsymbol{E}$ 可逆，并求其逆.

10. 设三阶方阵 $\boldsymbol{A}=\begin{bmatrix}x&1&1\\1&x&1\\1&1&x\end{bmatrix}$，试求 $\boldsymbol{A}$ 的秩.

第3章

线性方程组

线性方程组是线性代数的核心内容之一，也是理解和学习线性代数整个学科的枢纽.由于其理论严谨、发展完善、处理问题方法独特，因此它可应用于解决几何、物理、化学、经济、生物、食品等许多领域的实际问题.线性代数前半部分的主要知识点都可以以线性方程组的相关理论为轴串联起来，因此本章是系统地把握整个学科的关键.

第1章中讨论了方程的个数与未知量的个数相等的方程组的解法问题，应用中发现，方程个数与未知量的个数不相等，本章要以矩阵为工具讨论的一般线性方程组，即含有 n 个未知量，m 个方程的线性方程组的解的情况.本章还要回答以下三个问题：

1.方程组是否有解？

2.如果有解，解是否唯一？

3.当解不唯一时，解的结构如何？

定义 3-0-1 设有 n 个未知量，m 个方程的线性方程组

$$\begin{cases} a_{11}x_1+a_{12}x_2+\cdots+a_{1n}x_n=b_1, \\ a_{21}x_1+a_{22}x_2+\cdots+a_{2n}x_n=b_2, \\ \cdots\cdots \\ a_{m1}x_1+a_{m2}x_2+\cdots+a_{mn}x_n=b_m, \end{cases} \tag{3-0-1}$$

其中 $x_1,x_2,\cdots,x_n$ 为未知量(也称未知元)，$a_{ij}(i=1,2,\cdots,m;j=1,2,\cdots,n)$是第 i 个方程第 j 个未知量 x_j 的**系数**，$b_1,b_2,\cdots,b_m$ 分别为**常数项**.

当常数项 $b_i(i=1,2,\cdots,m)$不全为零时，称方程组(3-0-1)为**非齐次线性方程组**.

当常数项 $b_i=0(i=1,2,\cdots,m)$，也就是常数项全部为零时，即

$$\begin{cases} a_{11}x_1+a_{12}x_2+\cdots+a_{1n}x_n=0, \\ a_{21}x_1+a_{22}x_2+\cdots+a_{2n}x_n=0, \\ \cdots\cdots \\ a_{m1}x_1+a_{m2}x_2+\cdots+a_{mn}x_n=0, \end{cases} \tag{3-0-2}$$

称方程组(3-0-2)为**齐次线性方程组**.

线性方程组(3-0-1)的矩阵表示形式为:

$$\begin{bmatrix} a_{11} & a_{12} & \cdots & a_{1n} \\ a_{21} & a_{22} & \cdots & a_{2n} \\ \vdots & \vdots & \ddots & \vdots \\ a_{m1} & a_{m2} & \cdots & a_{mn} \end{bmatrix} \begin{bmatrix} x_1 \\ x_2 \\ \vdots \\ x_n \end{bmatrix} = \begin{bmatrix} b_1 \\ b_2 \\ \vdots \\ b_m \end{bmatrix}$$

简记为 $\boldsymbol{AX}=\boldsymbol{B}$. 其中 $\boldsymbol{A}_{m\times n}=\begin{bmatrix} a_{11} & a_{12} & \cdots & a_{1n} \\ a_{21} & a_{22} & \cdots & a_{2n} \\ \vdots & \vdots & \ddots & \vdots \\ a_{m1} & a_{m2} & \cdots & a_{mn} \end{bmatrix}$ **为系数矩阵**,$\boldsymbol{X}=\begin{bmatrix} x_1 \\ x_2 \\ \vdots \\ x_n \end{bmatrix}$ **为未知量矩阵**,$\boldsymbol{B}=\begin{bmatrix} b_1 \\ b_2 \\ \vdots \\ b_m \end{bmatrix}$ **为常数项矩阵**.

线性方程组(3-0-1)的增广矩阵是

$$(\boldsymbol{A} \vdots \boldsymbol{B})=\begin{bmatrix} a_{11} & a_{12} & \cdots & a_{1n} & b_1 \\ a_{21} & a_{22} & \cdots & a_{2n} & b_2 \\ \vdots & \vdots & \ddots & \vdots & \vdots \\ a_{m1} & a_{m2} & \cdots & a_{mn} & b_m \end{bmatrix},$$

增广矩阵即为线性方程组的系数矩阵 $\boldsymbol{A}$ 加上常数项矩阵 $\boldsymbol{B}$,容易看出方程组 $\boldsymbol{AX}=\boldsymbol{B}$ 与增广矩阵 $(\boldsymbol{A} \vdots \boldsymbol{B})$ 存在一一对应关系,于是对方程组的研究即可转化为对矩阵的研究(行列式、秩、初等变换等).

接下来,我们将以矩阵为工具,建立向量空间,来研究方程组(3-0-1)的解的一般结构.

3.1 高斯消元法

在第 2 章中,我们知道了线性方程组经过 3 种初等变换(倍乘变换、互换变换、倍加变换)后其解是不变的. 本节我们用矩阵来说明这个结论.

3.1.1 高斯消元法

同解方程组即为解集合相同的方程组.

由第 2 章矩阵运算理论可以知道,对线性方程组进行初等行变换其解不会改变,即初等行变换后的方程组是原方程组的同解方程组,于是我们得到如下定理:

定理 3-1-1 若线性方程组的增广矩阵$(\boldsymbol{A} \mid \boldsymbol{B})$经若干次**初等行变换**化为矩阵$(\boldsymbol{S} \mid \boldsymbol{T})$,那么$(\boldsymbol{A} \mid \boldsymbol{B})$与$(\boldsymbol{S} \mid \boldsymbol{T})$为行等价矩阵,则 $\boldsymbol{AX}=\boldsymbol{B}$ 与 $\boldsymbol{SX}=\boldsymbol{T}$ 是同解方程组.

证明 由于对矩阵做一次初等行变换等价于该矩阵左乘一个初等矩阵,于是存在初等矩阵 $\boldsymbol{P}_1,\boldsymbol{P}_2,\cdots,\boldsymbol{P}_k$,使

$$\boldsymbol{P}_k\cdots\boldsymbol{P}_2\boldsymbol{P}_1(\boldsymbol{A} \mid \boldsymbol{B})=(\boldsymbol{S} \mid \boldsymbol{T})$$

记 $\boldsymbol{P}_k,\cdots,\boldsymbol{P}_2,\boldsymbol{P}_1=\boldsymbol{P}$,则 $\boldsymbol{P}$ 可逆,即 $\boldsymbol{P}^{-1}$ 存在,所以增广矩阵$(\boldsymbol{A} \mid \boldsymbol{B})$与$(\boldsymbol{S} \mid \boldsymbol{T})$为行等价矩阵,定理得证.

在此,不妨设 $\boldsymbol{X}_1$ 为方程组 $\boldsymbol{AX}=\boldsymbol{B}$ 的解,即

$$\boldsymbol{AX}_1=\boldsymbol{B}$$

上式两边同时左乘矩阵 $\boldsymbol{P}$,得

$$\boldsymbol{PAX}_1=\boldsymbol{PB}$$

即

$$\boldsymbol{SX}_1=\boldsymbol{T}$$

于是 $\boldsymbol{X}_1$ 是 $\boldsymbol{SX}_1=\boldsymbol{T}$ 的解.反之,若 $\boldsymbol{X}_2$ 为 $\boldsymbol{SX}=\boldsymbol{T}$ 的解,即

$$\boldsymbol{SX}_2=\boldsymbol{T}$$

上式两边同时左乘矩阵 $\boldsymbol{P}^{-1}$,得

$$\boldsymbol{P}^{-1}\boldsymbol{SX}_2=\boldsymbol{P}^{-1}\boldsymbol{T}$$

即

$$\boldsymbol{AX}_2=\boldsymbol{B}$$

说明 $\boldsymbol{X}_2$ 亦为 $\boldsymbol{AX}=\boldsymbol{B}$ 的解,由此亦可看出 $\boldsymbol{AX}=\boldsymbol{B}$ 与 $\boldsymbol{SX}=\boldsymbol{T}$ 是同解方程组.

由定理 3-1-1 可知,求线性方程组(3-0-1)的解,可以利用初等行变换将其增广矩阵$(\boldsymbol{A} \mid \boldsymbol{B})$化简.又由第 2 章所学知识可知,通过初等行变换可以将$(\boldsymbol{A} \mid \boldsymbol{B})$化成阶梯形矩阵.因此我们得到了求解线性方程组(3-0-1)的一般方法:

第一步 写出线性方程组(3-0-1)的增广矩阵$(\boldsymbol{A} \mid \boldsymbol{B})$;

第二步 用初等行变换将$(\boldsymbol{A} \mid \boldsymbol{B})$化为阶梯形矩阵,并写出该矩阵所对应的同解方

程组；

第三步　运用逐步回代求出该阶梯形矩阵所对应的方程组的解，此解即为所求.

上述方法，我们称之为**高斯消元法**. 下面举例说明如何利用高斯消元法求解一般线性方程组.

【例 3-1-1】　解线性方程组

$$\begin{cases} x_1 - x_2 = 2 \\ x_1 - 2x_2 - x_3 = 2 \\ 2x_1 + 2x_2 + 3x_3 = 1 \end{cases}.$$

解　第一步　写出增广矩阵

$$(\boldsymbol{A} \mid \boldsymbol{B}) = \begin{bmatrix} 1 & -1 & 0 & 2 \\ 1 & -2 & -1 & 2 \\ 2 & 2 & 3 & 1 \end{bmatrix}$$

第二步　将增广矩阵化为阶梯形矩阵并写出对应的方程组

$$(\boldsymbol{A} \mid \boldsymbol{B}) = \begin{bmatrix} 1 & -1 & 0 & 2 \\ 1 & -2 & -1 & 2 \\ 2 & 2 & 3 & 1 \end{bmatrix} \xrightarrow[r_3+(-2)\cdot r_1]{r_2+(-1)\cdot r_1} \begin{bmatrix} 1 & -1 & 0 & 2 \\ 0 & -1 & -1 & 0 \\ 0 & 4 & 3 & -3 \end{bmatrix} \xrightarrow{r_3+4\cdot r_2} \begin{bmatrix} 1 & -1 & 0 & 2 \\ 0 & -1 & -1 & 0 \\ 0 & 0 & -1 & -3 \end{bmatrix}$$

$$\xrightarrow[(-1)r_3]{(-1)r_2} \begin{bmatrix} 1 & -1 & 0 & 2 \\ 0 & 1 & 1 & 0 \\ 0 & 0 & 1 & 3 \end{bmatrix}$$

阶梯形矩阵所对应的线性方程组为

$$\begin{cases} x_1 - x_2 = 2 \\ x_2 + x_3 = 0 \\ x_3 = 3 \end{cases}.$$

第三步　运用逐步回代求出阶梯形矩阵所对应的线性方程组的解

$$\begin{cases} x_1 = -1 \\ x_2 = -3 \\ x_3 = 3 \end{cases}.$$

上述解即为原方程组的解. 由于此方程组中未知数的个数 n 和方程的个数 m 相同，故方程组的解是唯一的.

注意：线性方程组的三种变换可以通过其增广矩阵的初等行变换来实现.

例如，有方程组及其增广矩阵：

$$\begin{cases}x_1+x_2+2x_3=1\\2x_1-x_2+2x_3=4\\4x_1+x_2+4x_3=2\end{cases},\quad (\boldsymbol{A}\mid\boldsymbol{B})=\begin{bmatrix}1&1&2&1\\2&-1&2&4\\4&1&4&2\end{bmatrix};$$

交换方程组中第一个和第二个方程,即

$$\begin{cases}2x_1-x_2+2x_3=4\\x_1+x_2+2x_3=1\\4x_1+x_2+4x_3=2\end{cases}\Rightarrow\begin{bmatrix}2&-1&2&4\\1&1&2&1\\4&1&4&2\end{bmatrix};$$

方程组中第一个方程乘(−2)加到第三个方程,即

$$\begin{cases}2x_1-x_2+2x_3=4\\x_1+x_2+2x_3=1\\3x_2=-6\end{cases}\Rightarrow\begin{bmatrix}2&-1&2&4\\1&1&2&1\\0&3&0&-6\end{bmatrix};$$

方程组中第三个方程乘$\frac{1}{3}$,即

$$\begin{cases}2x_1-x_2+2x_3=4\\x_1+x_2+2x_3=1\\x_2=-2\end{cases}\Rightarrow\begin{bmatrix}2&-1&2&4\\1&1&2&1\\0&1&0&-2\end{bmatrix}.$$

由此我们知道,高斯消元法实质上是利用一系列方程组的初等行变换将其变成同解的阶梯形方程组.因此消元法也可看作是对其增广矩阵实行一系列初等行变换化为阶梯形矩阵的过程.

【例 3-1-2】 解线性方程组

$$\begin{cases}x_1-x_2+x_3-x_4=0\\2x_1-x_2+3x_3-2x_4=-1.\\3x_1-2x_2-x_3+2x_4=4\end{cases}\tag{3-1-1}$$

解 第一步 写出增广矩阵

$$(\boldsymbol{A}\mid\boldsymbol{B})=\begin{bmatrix}1&-1&1&-1&0\\2&-1&3&-2&-1\\3&-2&-1&2&4\end{bmatrix}$$

第二步 将增广矩阵化为阶梯形矩阵并写出对应的方程组

$$(\boldsymbol{A}\mid\boldsymbol{B})=\begin{bmatrix}1&-1&1&-1&0\\2&-1&3&-2&-1\\3&-2&-1&2&4\end{bmatrix}\xrightarrow[r_3+(-3)r_1]{r_2+(-2)r_1}\begin{bmatrix}1&-1&1&-1&0\\0&1&1&0&-1\\0&1&-4&5&4\end{bmatrix}$$

$$\xrightarrow{r_3+(-1)r_2}\begin{bmatrix}1 & -1 & 1 & -1 & 0\\0 & 1 & 1 & 0 & -1\\0 & 0 & -5 & 5 & 5\end{bmatrix}\xrightarrow{(-\frac{1}{5})\cdot r_3}\begin{bmatrix}1 & -1 & 1 & -1 & 0\\0 & 1 & 1 & 0 & -1\\0 & 0 & 1 & -1 & -1\end{bmatrix}$$

阶梯形矩阵所对应的同解线性方程组为

$$\begin{cases}x_1-x_2+x_3-x_4=0,\\x_2+x_3=-1,\\x_3-x_4=-1.\end{cases}\tag{3-1-2}$$

第三步　运用逐步回代求出阶梯形矩阵所对应的线性方程组的解

将方程组(3-1-2)中最后一个方程中的 x_4 项移至等号的右端，得

$$x_3=x_4-1$$

将其带入第二个方程，解得

$$x_2=-x_4$$

再将 x_2、x_3 带入第一个方程，解得

$$x_1=-x_4+1$$

因此方程组(3-1-1)的解为

$$\begin{cases}x_1=-x_4+1\\x_2=-x_4\\x_3=x_4-1\end{cases}.\tag{3-1-3}$$

其中 x_4 可以任意取值.

由于未知量 x_4 的取值是任意实数，故方程组(3-1-1)的解有无穷多个. 由此可知，式(3-1-3)表示了方程组(3-1-1)的所有解.

定义 3-1-1　式(3-1-3)中等号右端的未知量 x_4 称为**自由未知量(或称自由元)**. 用自由未知量表达其他未知量的式(3-1-3)称为方程组(3-1-1)的**一般解**. 特别的，当自由未知量 x_4 取定一个值(如令 $x_4=1$)，得到方程组(3-1-1)的一个解 $x_1=0,x_2=-1,x_3=0,x_4=1$，称之为方程组(3-1-1)的**特解**.

注意，自由未知量的选取不是唯一的，例如方程组(3-1-1)也可以将 x_3 取作自由未知量，由方程组(3-1-2)移项，得

$$\begin{cases}x_1=-x_3\\x_2=-x_3-1.\\x_4=x_3+1\end{cases}\tag{3-1-4}$$

式(3-1-4)也是方程组(3-1-1)的一般解. 虽然两个一般解的表达形式不一样，但它们本质

上是一样的,都表示了方程组(3-1-1)的所有解.式(3-1-4)的矩阵形式为:

$$\begin{bmatrix}x_1\\x_2\\x_3\\x_4\end{bmatrix}=k\begin{bmatrix}-1\\-1\\1\\1\end{bmatrix}+\begin{bmatrix}0\\-1\\0\\1\end{bmatrix}. \tag{3-1-5}$$

其中 k 为任意常数,式(3-1-5)也是方程组(3-1-1)的解的**矩阵形式**.

方程组(3-1-1)中未知量的个数 $n=4$,自由未知量的个数为 1,它的解有无穷多个.

思考 线性方程组中自由未知量的个数是如何确定的?怎么利用已学知识确定自由未知量的个数?

3.1.2 利用行最简形阶梯矩阵解方程组

用消元法解线性方程组的过程中,当增广矩阵经过初等行变换化成阶梯形矩阵后,写出相应的阶梯形方程组,然后用回代的方法求解.如果用矩阵初等行变换将回代的过程表示出来,我们发现,这个过程实际上就是对阶梯形矩阵的进一步简化,使其最终化成一个行最简形矩阵,从这个行最简形矩阵中,就可以直接解出方程组的解.例如方程组(3-1-2)的阶梯形矩阵

$$\begin{bmatrix}1&-1&1&-1&0\\0&1&1&0&-1\\0&0&1&-1&-1\end{bmatrix}\xrightarrow[r_2+(-1)r_3]{r_1+(-1)r_3}\begin{bmatrix}1&-1&0&0&1\\0&1&0&1&0\\0&0&1&-1&-1\end{bmatrix}$$

$$\xrightarrow{r_1+r_2}\begin{bmatrix}1&0&0&1&1\\0&1&0&1&0\\0&0&1&-1&-1\end{bmatrix} \tag{3-1-6}$$

这个矩阵所对应的阶梯形方程组是:

$$\begin{cases}x_1+x_4=1,\\x_2+x_4=0,\\x_3-x_4=-1.\end{cases}$$

将此方程组中含 x_4 的项移至等号右边,就得到原方程组的一般解:

$$\begin{cases}x_1=-x_4+1\\x_2=-x_4\\x_3=x_4-1\end{cases}. \tag{3-1-7}$$

其中 x_4 为自由未知量. 将式(3-1-7)进行改写,同时将 x_4 换成 k,表示一个任意常数,可得到矩阵形式的解:

$$\begin{cases} x_1=-x_4+1, \\ x_2=-x_4, \\ x_3=x_4-1, \\ x_4=x_4. \end{cases} \Rightarrow \begin{bmatrix} x_1 \\ x_2 \\ x_3 \\ x_4 \end{bmatrix}=k\begin{bmatrix} -1 \\ -1 \\ 1 \\ 1 \end{bmatrix}+\begin{bmatrix} 1 \\ 0 \\ -1 \\ 0 \end{bmatrix}. \tag{3-1-8}$$

定义 3-1-2 设有 n 元线性方程组(3-0-1),我们将其行最简形阶梯矩阵非零首元所在的列对应的未知量称为**基本未知量(元)**,设为 r 个,即有其增广矩阵的秩 $R(\boldsymbol{A}\mid\boldsymbol{B})=r$;我们称其余未知量为**自由未知量(元)**,共有 $(n-r)$ 个.

例 3-1-2 的未知量的个数 $n=4$,基本未知量个数 $r=3$,所以自由未知量的个数是 $1(n-r=4-3=1)$. 同样,例 3-1-1 中有 3 个未知量,增广矩阵的秩为 3,所以自由未知量的个数为 0.

将阶梯形矩阵化为行最简形阶梯矩阵的步骤是:首先从阶梯形矩阵最后一个非零行的非零首元开始,将其非零首元化为 1;然后将其所在列的其余元素化为 0;接着把倒数第二个非零行的非零首元化为 1,将其所在列的其余元素化为 0;依次进行,最后就得到行最简形阶梯矩阵.

通过上面的例题和论述我们可更进一步归纳出求解线性方程组(3-0-1)的高斯消元法的**一般步骤**:

第一步 写出线性方程组(3-0-1)的增广矩阵 $(\boldsymbol{A}\mid\boldsymbol{B})$;

第二步 用初等行变换将 $(\boldsymbol{A}\mid\boldsymbol{B})$ 化为行最简形阶梯矩阵;

第三步 写出行最简形阶梯矩阵的秩 $R(\boldsymbol{A}\mid\boldsymbol{B})$,也就是基本未知量的个数 $R(\boldsymbol{A}\mid\boldsymbol{B})=r$,则方程组(3-0-1)的自由未知量个数为 $(n-r)$ 个;

第四步 写出行最简形阶梯矩阵所对应的线性方程组,把此方程组的 $(n-r)$ 个自由未知量的项移至方程右端,得到用自由元表达的基本未知量,这就是方程组的一般解;

第五步 写出方程组解的矩阵形式. 令 $(n-r)$ 个自由未知量依次取为任意常数 $k_1, k_2, \cdots, k_{n-r}$,对应地解出基本未知量,即可写出矩阵形式的解.

【例 3-1-3】 解齐次线性方程组

$$\begin{cases} x_1+3x_2-2x_3+2x_4-x_5=0, \\ -2x_1-5x_2+x_3-5x_4+3x_5=0, \\ 3x_1+7x_2-x_3+x_4-3x_5=0, \\ -x_1-4x_2+5x_3-x_4=0. \end{cases} \tag{3-1-9}$$

解　第一步　写出线性方程组的增广矩阵

$$(\boldsymbol{A}\mid\boldsymbol{B})=\begin{bmatrix}1&3&-2&2&-1&0\\-2&-5&1&-5&3&0\\3&7&-1&1&-3&0\\-1&-4&5&-1&0&0\end{bmatrix}$$

第二步　用初等行变换将$(\boldsymbol{A}\mid\boldsymbol{B})$化为行最简形阶梯矩阵

$$(\boldsymbol{A}\mid\boldsymbol{B})=\begin{bmatrix}1&3&-2&2&-1&0\\-2&-5&1&-5&3&0\\3&7&-1&1&-3&0\\-1&-4&5&-1&0&0\end{bmatrix}\xrightarrow[r_4+r_1]{\substack{r_2+2r_1\\r_3+(-3)r_1}}\begin{bmatrix}1&3&-2&2&-1&0\\0&1&-3&-1&1&0\\0&-2&5&-5&0&0\\0&-1&3&1&-1&0\end{bmatrix}$$

$$\xrightarrow[r_4+r_2]{r_3+2r_2}\begin{bmatrix}1&3&-2&2&-1&0\\0&1&-3&-1&1&0\\0&0&-1&-7&2&0\\0&0&0&0&0&0\end{bmatrix}\xrightarrow{(-1)r_3}\begin{bmatrix}1&3&-2&2&-1&0\\0&1&-3&-1&1&0\\0&0&1&7&-2&0\\0&0&0&0&0&0\end{bmatrix}$$

$$\xrightarrow[r_2+3r_3]{r_1+2r_3}\begin{bmatrix}1&3&0&16&-5&0\\0&1&0&20&-5&0\\0&0&1&7&-2&0\\0&0&0&0&0&0\end{bmatrix}\xrightarrow{r_1+(-3)r_2}\begin{bmatrix}1&0&0&-44&10&0\\0&1&0&20&-5&0\\0&0&1&7&-2&0\\0&0&0&0&0&0\end{bmatrix}.$$

第三步　增广矩阵的秩$R(\boldsymbol{A}\mid\boldsymbol{B})=3$,基本未知量的个数是3,未知量的个数是5,所以自由未知量的个数为2.

第四步　写出行最简形阶梯矩阵所对应的线性方程组

$$\begin{cases}x_1-44x_4+10x_5=0\\x_2+20x_4-5x_5=0\\x_3+7x_4-2x_5=0\end{cases}.$$

将含有x_4、x_5的项移至等号右端,解出x_1、x_2、x_3,即可得到一般解

$$\begin{cases}x_1=44x_4-10x_5\\x_2=-20x_4+5x_5\\x_3=-7x_4+2x_5\end{cases}.\tag{3-1-10}$$

第五步　写出方程组解的矩阵形式,令自由未知量$x_4=k_1$,$x_5=k_2$,则方程组(3-1-9)的解的矩阵形式为

$$X=\begin{bmatrix}x_1\\x_2\\x_3\\x_4\\x_5\end{bmatrix}=\begin{bmatrix}44k_1-10k_2\\-20k_1+5k_2\\-7k_1+2k_2\\k_1+0\\0+k_2\end{bmatrix}=k_1\begin{bmatrix}44\\-20\\-7\\1\\0\end{bmatrix}+k_2\begin{bmatrix}-10\\5\\2\\0\\1\end{bmatrix}.$$

其中 k_1,k_2 为任意常数.

【例 3-1-4】 解非齐次线性方程组

$$\begin{cases}2x_1+x_2+3x_3=6\\3x_1+2x_2+x_3=1\\5x_1+3x_2+4x_3=27\end{cases}. \tag{3-1-11}$$

解 写出方程组对应的增广矩阵,并对其做初等行变换化成阶梯形矩阵,得

$$(A\,\vdots\,B)=\begin{bmatrix}2&1&3&6\\3&2&1&1\\5&3&4&27\end{bmatrix}\xrightarrow{r_1+(-1)r_2}\begin{bmatrix}-1&-1&2&5\\3&2&1&1\\5&3&4&27\end{bmatrix}\xrightarrow[r_3+5r_1]{r_2+3r_1}\begin{bmatrix}-1&-1&2&5\\0&-1&7&16\\0&-2&14&52\end{bmatrix}$$

$$\xrightarrow{r_3+(-2)r_2}\begin{bmatrix}-1&-1&2&5\\0&-1&7&16\\0&0&0&20\end{bmatrix}\xrightarrow[(-1)r_2]{(-1)r_1}\begin{bmatrix}1&1&-2&-5\\0&1&-7&-16\\0&0&0&20\end{bmatrix}$$

阶梯形矩阵所对应的同解线性方程组为

$$\begin{cases}x_1+x_2-2x_3=-5\\x_2-7x_3=-16\\0=20\end{cases}. \tag{3-1-12}$$

显然,方程组(3-1-12)的第三个方程“0=20”为矛盾方程,所以方程组(3-1-12)无解,故原方程组无解.

思考 在用消元法求解方程组的过程中,很自然地出现了线性方程组解的三种可能情况:唯一解;无穷多解;无解.解的这三种情况在什么情况下出现的?如何去判定?

习题 3.1

1. 求解非齐次线性方程组.

(1) $\begin{cases}x_1+x_2+2x_3=1\\2x_1-x_2+2x_3=4\\4x_1+x_2+4x_3=2\end{cases}$;　　(2) $\begin{cases}x_1+x_2-2x_3+x_4=4\\3x_1+6x_2-9x_3+7x_4=9\\2x_1-3x_2+x_3-x_4=2\\2x_1-x_2-x_3+x_4=2\end{cases}$;

(3) $\begin{cases} x_1-2x_2-3x_3=2 \\ x_1-4x_2-13x_3=14 \\ -3x_1+5x_2+4x_3=2 \end{cases}$； (4) $\begin{cases} x_1-x_2-x_3+x_4=0 \\ x_1-x_2+x_3-3x_4=4 \\ 2x_1-2x_2-4x_3+6x_4=-4 \end{cases}$.

2. 判定下列齐次线性方程组是否有非零解，且在有非零解时，求出方程组的通解.

(1) $\begin{cases} x_1+2x_2+x_3=0 \\ 2x_1+5x_2+3x_3=0 \\ x_1+2x_2+3x_3=0 \end{cases}$； (2) $\begin{cases} x_1+2x_2+2x_3+x_4=0 \\ 2x_1+x_2-2x_3-7x_4=0 \\ x_1-x_2-4x_3-8x_4=0 \end{cases}$.

3. 设线性方程组

$$\begin{cases} x_1+x_2+(1+\lambda)x_3=\lambda \\ x_1+(1+\lambda)x_2+x_3=3 \\ (1+\lambda)x_1+x_2+x_3=0 \end{cases}.$$

问 λ 取何值时，此方程组(1)有唯一解；(2)无解；(3)有无穷多解？并在有无穷多解时求其通解.

3.2 线性方程组的相容性定理

定义 3-2-1 如果线性方程组(3-0-1)有解，称此线性方程组为**相容**的；如果无解，则称此线性方程组为**不相容**的.

在本章的第 1 节中，介绍了用高斯消元法求解线性方程组的方法，从例题的求解过程可以看出，方程组(3-0-1)是否有解，关键在于增广矩阵$(\boldsymbol{A} \mid \boldsymbol{B})$化成阶梯形矩阵后非零行的行数与系数矩阵 $\boldsymbol{A}$ 化成阶梯形矩阵后非零行的行数是否相等，即它们的秩是否相等. 因此，线性方程组是否相容，可以用其增广矩阵的秩和系数矩阵的秩是否相等来描述.

定理 3-2-1 n 元线性方程组(3-0-1)有解的充分必要条件是 $R(\boldsymbol{A})=R(\boldsymbol{A} \mid \boldsymbol{B})=r$，且

(1)当 $R(\boldsymbol{A})=R(\boldsymbol{A} \mid \boldsymbol{B})=r=n$ 时，方程组有唯一解；

(2)当 $R(\boldsymbol{A})=R(\boldsymbol{A} \mid \boldsymbol{B})=r<n$ 时，方程组有无穷多解；

(3)当 $R(\boldsymbol{A})<R(\boldsymbol{A} \mid \boldsymbol{B})$[或 $R(\boldsymbol{A})\neq R(\boldsymbol{A} \mid \boldsymbol{B})$]时，方程组无解.

此定理回答了本章开头的三个问题中的前两个，即非齐次线性方程组何时有解，何时无解，何时有唯一解和无穷多解. 容易看出，这里 r 即为基本未知量的个数，$n-r$ 为自由未知量的个数，当没有自由未知量时，即 $r=n$ 时，解是唯一的.

【例 3-2-1】 判定下列方程组的相容性和相容时解的个数.

(1) $\begin{cases} x_1-x_2+2x_3=3 \\ 2x_1+3x_2-4x_3=2 \\ 4x_1+x_2=8 \\ 5x_1+2x_3=11 \end{cases}$;　　(2) $\begin{cases} x_1-x_2+2x_3=3 \\ 2x_1+3x_2-4x_3=2 \\ 4x_1+x_2=8 \\ 5x_1+2x_3=9 \end{cases}$;

(3) $\begin{cases} x_1-x_2+2x_3=3 \\ 2x_1+3x_2-4x_3=2 \\ 4x_1+x_2=8 \\ 5x_1-2x_3=11 \end{cases}$.

解　(1)用初等行变换将方程组的增广矩阵化为阶梯形矩阵,有

$$(\boldsymbol{A} \mid \boldsymbol{B})=\begin{bmatrix} 1 & -1 & 2 & 3 \\ 2 & 3 & -4 & 2 \\ 4 & 1 & 0 & 8 \\ 5 & 0 & 2 & 11 \end{bmatrix} \xrightarrow[\substack{r_3+(-4)r_1 \\ r_4+(-5)r_1}]{r_2+(-2)r_1} \begin{bmatrix} 1 & -1 & 2 & 3 \\ 0 & 5 & -8 & -4 \\ 0 & 5 & -8 & -4 \\ 0 & 5 & -8 & -4 \end{bmatrix}$$

$$\xrightarrow[r_4+(-1)r_2]{r_3+(-1)r_2} \begin{bmatrix} 1 & -1 & 2 & 3 \\ 0 & 5 & -8 & -4 \\ 0 & 0 & 0 & 0 \\ 0 & 0 & 0 & 0 \end{bmatrix}$$

因为 $R(\boldsymbol{A})=R(\boldsymbol{A} \mid \boldsymbol{B})=2<n(n=3)$,所以方程组是相容的,且有无穷个解;

(2)用初等行变换将方程组的增广矩阵化为阶梯形矩阵,有

$$(\boldsymbol{A} \mid \boldsymbol{B})=\begin{bmatrix} 1 & -1 & 2 & 3 \\ 2 & 3 & -4 & 2 \\ 4 & 1 & 0 & 8 \\ 5 & 0 & 2 & 9 \end{bmatrix} \xrightarrow[\substack{r_3+(-4)r_1 \\ r_4+(-5)r_1}]{r_2+(-2)r_1} \begin{bmatrix} 1 & -1 & 2 & 3 \\ 0 & 5 & -8 & -4 \\ 0 & 5 & -8 & -4 \\ 0 & 5 & -8 & -6 \end{bmatrix}$$

$$\xrightarrow[r_4+(-1)r_2]{r_3+(-1)r_2} \begin{bmatrix} 1 & -1 & 2 & 3 \\ 0 & 5 & -8 & -4 \\ 0 & 0 & 0 & 0 \\ 0 & 0 & 0 & -2 \end{bmatrix} \xrightarrow{r_4 \leftrightarrow r_3} \begin{bmatrix} 1 & -1 & 2 & 3 \\ 0 & 5 & -8 & -4 \\ 0 & 0 & 0 & -2 \\ 0 & 0 & 0 & 0 \end{bmatrix}$$

因为 $R(\boldsymbol{A})=2, R(\boldsymbol{A} \mid \boldsymbol{B})=3$,两者不相等,所以方程组是不相容的,无解;

(3)用初等行变换将方程组的增广矩阵化为阶梯形矩阵,有

$$(\boldsymbol{A} \vdots \boldsymbol{B})=\begin{bmatrix}1&-1&2&3\\2&3&-4&2\\4&1&0&8\\5&0&-2&11\end{bmatrix}\xrightarrow[r_4+(-5)r_1]{\substack{r_2+(-2)r_1\\r_3+(-4)r_1}}\begin{bmatrix}1&-1&2&3\\0&5&-8&-4\\0&5&-8&-4\\0&5&-12&-4\end{bmatrix}$$

$$\xrightarrow{\substack{r_3+(-1)r_2\\r_4+(-1)r_2}}\begin{bmatrix}1&-1&2&3\\0&5&-8&-4\\0&0&0&0\\0&0&-4&0\end{bmatrix}\xrightarrow{r_4\leftrightarrow r_3}\begin{bmatrix}1&-1&2&3\\0&5&-8&-4\\0&0&-4&0\\0&0&0&0\end{bmatrix}$$

因为 $R(\boldsymbol{A})=R(\boldsymbol{A} \vdots \boldsymbol{B})=3=n$，所以方程组是相容的，且有唯一解.

如果线性方程组仅仅需要判断解的情况，而不需要具体解出时，只需要将增广矩阵 $(\boldsymbol{A} \vdots \boldsymbol{B})$ 化成阶梯形矩阵即可判断.

【例 3-2-2】 设有方程组

$$\begin{cases}x_1+(\lambda-1)x_2-2x_3=1\\(\lambda-2)x_2+(\lambda+1)x_3=3\\(2\lambda+1)x_3=5\end{cases}. \tag{3-2-1}$$

问 λ 为何值时，(1)有唯一解；(2)无解；(3)有无穷多解？并在有无穷多解时写出其一般解，并将解写成矩阵形式.

解 方程组的增广矩阵为

$$(\boldsymbol{A} \vdots \boldsymbol{B})=\begin{bmatrix}1&\lambda-1&-2&1\\0&\lambda-2&\lambda+1&3\\0&0&2\lambda+1&5\end{bmatrix}$$

(1)当 $\lambda\neq2$ 且 $\lambda\neq-\frac{1}{2}$ 时，$R(\boldsymbol{A})=R(\boldsymbol{A} \vdots \boldsymbol{B})=3$，故方程组有唯一解；

(2)当 $\lambda=-\frac{1}{2}$ 时，$R(\boldsymbol{A})=2$，$R(\boldsymbol{A} \vdots \boldsymbol{B})=3$，两者不相等，故方程组无解；

(3)当 $\lambda=2$ 时，

$$(\boldsymbol{A} \vdots \boldsymbol{B})=\begin{bmatrix}1&1&-2&1\\0&0&3&3\\0&0&5&5\end{bmatrix}\xrightarrow{r_3+(-\frac{5}{3})r_2}\begin{bmatrix}1&1&-2&1\\0&0&3&3\\0&0&0&0\end{bmatrix}\xrightarrow[r_1+2r_2]{\frac{1}{3}r_2}\begin{bmatrix}1&1&0&3\\0&0&1&1\\0&0&0&0\end{bmatrix}$$

所以 $R(\boldsymbol{A})=R(\boldsymbol{A} \vdots \boldsymbol{B})=2<3$，故方程组有无穷多解；且一般解为

$$\begin{cases}x_1=-x_2+3\\x_3=1\end{cases}.$$

其中 x_2 为自由未知量. 令 $x_2=k$，则方程组解的矩阵形式为

$$\begin{bmatrix}x_1\\x_2\\x_3\end{bmatrix}=k\begin{bmatrix}-1\\1\\0\end{bmatrix}+\begin{bmatrix}3\\0\\1\end{bmatrix}.$$

其中 k 为任意常数.

上面两个例题讨论了非齐次线性方程组的解的问题，对于齐次线性方程组(3-0-2)，由于其增广矩阵的最后一列全为零，所以其系数矩阵 $\boldsymbol{A}$ 和增广矩阵 $(\boldsymbol{A}\mid\boldsymbol{B})$ 的秩总是相等的，也就是说，齐次线性方程组(3-0-2)总是有解. 因为当所有未知量都为零时，总满足方程组(3-0-2)，这样的解我们称为**零解**，也叫作**平凡解**，即零解就是齐次线性方程组的唯一解. 因此，对于齐次线性方程组(3-0-2)来说，重要的是如何判定它是否有非零解.

定理 3-2-2　n 元齐次线性方程组(3-0-2)有非零解的充分必要条件为 $R(\boldsymbol{A})<n$.

【例 3-2-3】 求解齐次线性方程组

$$\begin{cases}x_1+x_2-x_3-x_4=0\\2x_1-5x_2+3x_3+2x_4=0\\7x_1-7x_2+3x_3+x_4=0\end{cases}. \tag{3-2-2}$$

解　该齐次线性方程组的增广矩阵和系数矩阵分别为

$$(\boldsymbol{A}\mid\boldsymbol{B})=\begin{bmatrix}1&1&-1&-1&0\\2&-5&3&2&0\\7&-7&3&1&0\end{bmatrix},\quad \boldsymbol{A}=\begin{bmatrix}1&1&-1&-1\\2&-5&3&2\\7&-7&3&1\end{bmatrix}$$

由此可见，求解齐次线性方程组只需要将系数矩阵化成行最简形阶梯矩阵即可.

下面对方程组(3-2-2)的系数矩阵做初等行变换化成阶梯形矩阵

$$\boldsymbol{A}=\begin{bmatrix}1&1&-1&-1\\2&-5&3&2\\7&-7&3&1\end{bmatrix}\xrightarrow[r_3+(-7)r_1]{r_2+(-2)r_1}\begin{bmatrix}1&1&-1&-1\\0&-7&5&4\\0&-14&10&8\end{bmatrix}\xrightarrow[\left(-\frac{1}{7}\right)r_2]{r_3+(-2)r_2}\begin{bmatrix}1&1&-1&-1\\0&1&-\frac{5}{7}&-\frac{4}{7}\\0&0&0&0\end{bmatrix}$$

$$\xrightarrow{r_1+(-1)r_2}\begin{bmatrix}1&0&-\frac{2}{7}&-\frac{3}{7}\\0&1&-\frac{5}{7}&-\frac{4}{7}\\0&0&0&0\end{bmatrix}$$

因为 $R(\boldsymbol{A})=2<4=n$，所以方程组(3-2-2)的一般解为

$$\begin{cases} x_1=\frac{2}{7}x_3+\frac{3}{7}x_4, \\ x_2=\frac{5}{7}x_3+\frac{4}{7}x_4. \end{cases}$$

其中 x_3,x_4 为自由未知量. 令自由未知量 $x_3=k_1,x_4=k_2$,则方程组(3-2-2)的解的矩阵形式为

$$\begin{bmatrix} x_1 \\ x_2 \\ x_3 \\ x_4 \end{bmatrix}=k_1\begin{bmatrix} \frac{2}{7} \\ \frac{5}{7} \\ 1 \\ 0 \end{bmatrix}+k_2\begin{bmatrix} \frac{3}{7} \\ \frac{4}{7} \\ 0 \\ 1 \end{bmatrix}.$$

其中 k_1,k_2 为任意常数.

我们在前面所得到的关于 $m=n$ 情形下的结论已经包含在这一节的结论中,因为当 $m=n$ 时,方程组的系数矩阵 $\boldsymbol{A}$ 是方阵,当 $R(\boldsymbol{A})<n$ 时,方阵 $\boldsymbol{A}$ 不可逆,即 $\det\boldsymbol{A}=0$,所以我们得到:当 $m=n$ 时,齐次线性方程组有非零解的充分必要条件是 $\det\boldsymbol{A}=0$.

本章开头提出的关于线性方程组的三个问题中的第 3 个问题还没有解决,之后,为了揭示无穷多解之间的内在联系,我们还要引进一些重要的概念.

习题 3.2

1. 判定下列非齐次线性方程组的相容性,且在相容时,求出方程组的一般解及解的矩阵形式.

(1)$\begin{cases} x_1-x_2-x_3+x_4=0 \\ x_1-x_2-2x_3+3x_4=-1 \\ x_1-x_2+x_3-3x_4=2 \end{cases}$; (2)$\begin{cases} x_1-2x_2-3x_3=2 \\ x_1-4x_2-13x_3=10 \\ -3x_1+5x_2+4x_3=4 \end{cases}$.

2. 判定下列齐次线性方程组是否有非零解,且在有非零解时,求出方程组的一般解及解的矩阵形式.

(1)$\begin{cases} x_1+2x_2+x_3=0 \\ 2x_1+5x_2+3x_3=0 \\ x_1+2x_2+3x_3=0 \end{cases}$; (2)$\begin{cases} x_1+2x_2+2x_3+x_4=0 \\ 2x_1+x_2-2x_3-7x_4=0 \\ x_1-x_2-4x_3-8x_4=0 \end{cases}$.

3.设线性方程组

$$\begin{cases}x_1+x_2+(1+\lambda)x_3=\lambda\\x_1+(1+\lambda)x_2+x_3=3\\(1+\lambda)x_1+x_2+x_3=0\end{cases}.$$

问 λ 取何值时,此方程组(1)有唯一解;(2)无解;(3)有无穷多解?并在有无穷多解时求其一般解和解的矩阵形式.

3.3 n 维向量及向量组的线性相关性

3.3.1 n 维向量的定义

在解析几何中,我们已经熟悉了平面上二维向量和空间上三维向量的概念及运算.比如,大家知道,在取定一个坐标系后,一个三维向量可以用坐标表示成(x,y,z),其中 x,y,z 都是实数,且是向量的分量.

在很多实际问题和理论推导中,常常需要用更多的分量才能描述.因此,需要将向量的概念进行推广.

定义 3-3-1 由 n 个数 $a_1,a_2,\cdots,a_n$ 组成一个有序数组称为一个 n 维向量,记作

$$\boldsymbol{\alpha}=\begin{bmatrix}a_1\\a_2\\\vdots\\a_n\end{bmatrix},$$

其中 $a_i(i=1,2,\cdots,n)$称为 n 维向量 $\boldsymbol{\alpha}$ 的第 i 个分量(或坐标).

今后我们用希腊字母 $\boldsymbol{\alpha},\boldsymbol{\beta},\boldsymbol{\gamma},\cdots$ 表示向量.

比如,n 元线性方程组的一组解 $x_1,x_2,\cdots,x_n$ 就可视为一个 n 维向量,即

$$\boldsymbol{\beta}=[x_1,x_2,\cdots,x_n]^{\mathrm{T}}.$$

如上式中的 $\boldsymbol{\alpha}$ 写成了一列的形式,我们称其为**列向量**.列向量的转置称为**行向量**.

对于 n 维向量而言,我们规定:n 维向量相等、相加、数乘的情况与列矩阵之间相等、相加、数乘都对应相同.

因此,n 维向量和 $n\times1$ 的矩阵(即列矩阵)是本质相同的两个概念,只是换了个说法.这样,便于我们理解 n 维向量的几何意义.

3.3.2 线性相关与线性无关

建立了 n 维向量的概念后，我们再从向量的角度来观察线性方程组. 例如，线性方程组

$$\begin{cases} x_1+2x_2-2x_3+3x_4=6, \\ 2x_1-3x_2+x_3+x_4=4, \\ 3x_1-x_3+4x_4=10. \end{cases}$$

它的矩阵方程为

$$\begin{bmatrix} 1 & 2 & -2 & 3 \\ 2 & -3 & 1 & 1 \\ 3 & 0 & -1 & 4 \end{bmatrix} \begin{bmatrix} x_1 \\ x_2 \\ x_3 \\ x_4 \end{bmatrix} = \begin{bmatrix} 6 \\ 4 \\ 10 \end{bmatrix},$$

也可以把线性方程组写成

$$x_1 \begin{bmatrix} 1 \\ 2 \\ 3 \end{bmatrix} + x_2 \begin{bmatrix} 2 \\ -3 \\ 0 \end{bmatrix} + x_3 \begin{bmatrix} -2 \\ 1 \\ -1 \end{bmatrix} + x_4 \begin{bmatrix} 3 \\ 1 \\ 4 \end{bmatrix} = \begin{bmatrix} 6 \\ 4 \\ 10 \end{bmatrix}, \tag{3-3-1}$$

于是，线性方程组的求解问题就可看成是求一组数 x_1, x_2, x_3, x_4，使得等式右端向量

$$\begin{bmatrix} 6 \\ 4 \\ 10 \end{bmatrix}$$

和系数矩阵的列向量

$$\begin{bmatrix} 1 \\ 2 \\ 3 \end{bmatrix}, \begin{bmatrix} 2 \\ -3 \\ 0 \end{bmatrix}, \begin{bmatrix} -2 \\ 1 \\ -1 \end{bmatrix}, \begin{bmatrix} 3 \\ 1 \\ 4 \end{bmatrix}.$$

之间有式(3-3-1)中的相等关系.

研究一个向量和另外一些向量之间是否存在上式中的相等关系是很重要的，为此有如下的定义.

定义 3-3-2 对于向量 $\boldsymbol{\alpha}_1, \boldsymbol{\alpha}_2, \cdots, \boldsymbol{\alpha}_m, \boldsymbol{\alpha}$，如果有一组数 $k_1, k_2, \cdots, k_m$，使得

$$\boldsymbol{\alpha}=k_1\boldsymbol{\alpha}_1+k_2\boldsymbol{\alpha}_2+\cdots k_m\boldsymbol{\alpha}_m,$$

便称 $\boldsymbol{\alpha}$ 是 $\boldsymbol{\alpha}_1, \boldsymbol{\alpha}_2, \cdots, \boldsymbol{\alpha}_m$ 的**线性组合**，或称 $\boldsymbol{\alpha}$ 由 $\boldsymbol{\alpha}_1, \boldsymbol{\alpha}_2, \cdots, \boldsymbol{\alpha}_m$ **线性表出**，且称这组数 $k_1, k_2, \cdots, k_m$ 为该线性组合的**组合系数**.

【例 3-3-1】 任意三维向量$\begin{bmatrix}x\\y\\z\end{bmatrix}$均是向量$\begin{bmatrix}1\\0\\0\end{bmatrix}$，$\begin{bmatrix}0\\1\\0\end{bmatrix}$和$\begin{bmatrix}0\\0\\1\end{bmatrix}$的线性组合，因为总有

$$\begin{bmatrix}x\\y\\z\end{bmatrix}=x\begin{bmatrix}1\\0\\0\end{bmatrix}+y\begin{bmatrix}0\\1\\0\end{bmatrix}+z\begin{bmatrix}0\\0\\1\end{bmatrix}.$$

【例 3-3-2】 向量$\begin{bmatrix}2\\3\end{bmatrix}$不是向量$\begin{bmatrix}1\\0\end{bmatrix}$和$\begin{bmatrix}-2\\0\end{bmatrix}$的线性组合，因对于任意的一组数 k_1，k_2，有

$$k_1\begin{bmatrix}1\\0\end{bmatrix}+k_2\begin{bmatrix}-2\\0\end{bmatrix}=\begin{bmatrix}k_1-2k_2\\0\end{bmatrix}\neq\begin{bmatrix}2\\3\end{bmatrix}.$$

零向量是任意一组向量 $\boldsymbol{\alpha}_1,\boldsymbol{\alpha}_2,\cdots,\boldsymbol{\alpha}_m$ 的线性组合，因为显然有

$$0=0\cdot\boldsymbol{\alpha}_1+0\cdot\boldsymbol{\alpha}_2+\cdots+0\cdot\boldsymbol{\alpha}_m$$

设

$$\boldsymbol{\beta}=\begin{bmatrix}b_1\\b_2\\b_3\\b_4\end{bmatrix},\quad \boldsymbol{\alpha}_1=\begin{bmatrix}a_{11}\\a_{21}\\a_{31}\\a_{41}\end{bmatrix},\quad \boldsymbol{\alpha}_2=\begin{bmatrix}a_{12}\\a_{22}\\a_{32}\\a_{42}\end{bmatrix},\quad \boldsymbol{\alpha}_3=\begin{bmatrix}a_{13}\\a_{23}\\a_{33}\\a_{43}\end{bmatrix},$$

如何判别向量 $\boldsymbol{\beta}$ 能否由向量 $\boldsymbol{\alpha}_1,\boldsymbol{\alpha}_2,\boldsymbol{\alpha}_3$ 线性表出？

为解决这个问题，做如下分析：

$\boldsymbol{\beta}$ 能由 $\boldsymbol{\alpha}_1,\boldsymbol{\alpha}_2,\boldsymbol{\alpha}_3$ 线性表出等价于存在一组数 k_1,k_2,k_3，使得

$$\boldsymbol{\beta}=k_1\boldsymbol{\alpha}_1+k_2\boldsymbol{\alpha}_2+k_3\boldsymbol{\alpha}_3.$$

即

$$\begin{cases}a_{11}k_1+a_{12}k_2+a_{13}k_3=b_1\\a_{21}k_1+a_{22}k_2+a_{23}k_3=b_2\\a_{31}k_1+a_{32}k_2+a_{33}k_3=b_3\\a_{41}k_1+a_{42}k_2+a_{43}k_3=b_4\end{cases},$$

又等价于线性方程组

$$\begin{cases}a_{11}x_1+a_{12}x_2+a_{13}x_3=b_1\\a_{21}x_1+a_{22}x_2+a_{23}x_3=b_2\\a_{31}x_1+a_{32}x_2+a_{33}x_3=b_3\\a_{41}x_1+a_{42}x_2+a_{43}x_3=b_4\end{cases},$$

有解，且 k_1, k_2, k_3 一组数是它的一个解.

显然，上述分析完全适用于一般情形. 因此有以下定理：

定理 3-3-1 向量 $\boldsymbol{\beta}$ 可以由向量组 $\boldsymbol{\alpha}_1, \boldsymbol{\alpha}_2, \cdots, \boldsymbol{\alpha}_s$ 线性表出的充分必要条件是：以 $\boldsymbol{\alpha}_1, \boldsymbol{\alpha}_2, \cdots, \boldsymbol{\alpha}_s$ 为系数列向量，以 $\boldsymbol{\beta}$ 为常数项向量的线性方程组有解，并且此线性方程组的一个解就是线性组合的一组系数.

【例 3-3-3】 判断向量 $\boldsymbol{\beta}$ 能否由向量组 $\boldsymbol{\alpha}_1, \boldsymbol{\alpha}_2, \boldsymbol{\alpha}_3, \boldsymbol{\alpha}_4$ 线性表示，若能，求出一组组合系数，其中

$$\boldsymbol{\beta}=\begin{bmatrix}1\\0\\0\\1\end{bmatrix},\quad \boldsymbol{\alpha}_1=\begin{bmatrix}1\\0\\1\\1\end{bmatrix},\quad \boldsymbol{\alpha}_2=\begin{bmatrix}1\\2\\3\\1\end{bmatrix},\quad \boldsymbol{\alpha}_3=\begin{bmatrix}0\\1\\2\\0\end{bmatrix},\quad \boldsymbol{\alpha}_4=\begin{bmatrix}2\\-1\\0\\1\end{bmatrix}.$$

解 考虑以 $\boldsymbol{\alpha}_1, \boldsymbol{\alpha}_2, \boldsymbol{\alpha}_3, \boldsymbol{\alpha}_4$ 为系数列向量，以 $\boldsymbol{\beta}$ 为常数项的线性方程组

$$\begin{cases}x_1+x_2+2x_4=1\\2x_2+x_3-x_4=0\\x_1+3x_2+2x_3=0\\x_1+x_2+x_4=1\end{cases}.$$

解此线性方程组，运用初等行变换，得

$$\begin{bmatrix}1&1&0&2&1\\0&2&1&-1&0\\1&3&2&0&0\\1&1&0&1&1\end{bmatrix}\xrightarrow[r_4+(-1)r_1]{r_3+(-1)r_1}\begin{bmatrix}1&1&0&2&1\\0&2&1&-1&0\\0&2&2&-2&-1\\0&0&0&-1&0\end{bmatrix}\xrightarrow[(-1)r_4]{r_3+(-1)r_2}\begin{bmatrix}1&1&0&2&1\\0&2&1&-1&0\\0&0&1&-1&-1\\0&0&0&1&0\end{bmatrix}$$

$$\xrightarrow[\substack{r_2+r_4\\r_3+r_4}]{r_1+(-2)r_4}\begin{bmatrix}1&1&0&0&1\\0&2&1&0&0\\0&0&1&0&-1\\0&0&0&1&0\end{bmatrix}\xrightarrow{r_2+(-1)r_3}\begin{bmatrix}1&1&0&0&1\\0&2&0&0&1\\0&0&1&0&-1\\0&0&0&1&0\end{bmatrix}$$

$$\xrightarrow[r_1+(-1)r_2]{\frac{1}{2}r_2}\begin{bmatrix}1&0&0&0&\frac{1}{2}\\0&1&0&0&\frac{1}{2}\\0&0&1&0&-1\\0&0&0&1&0\end{bmatrix}$$

行最简形阶梯矩阵所对应的方程组为

$$\begin{cases} x_1=\dfrac{1}{2} \\ x_2=\dfrac{1}{2} \\ x_3=-1 \\ x_4=0 \end{cases}.$$

显然方程组有解，所以 $\boldsymbol{\beta}$ 可以由 $\boldsymbol{\alpha}_1,\boldsymbol{\alpha}_2,\boldsymbol{\alpha}_3,\boldsymbol{\alpha}_4$ 线性表出.

由于行最简形阶梯矩阵所对应的方程组的一个解为

$$x_1=\frac{1}{2},x_2=\frac{1}{2},x_3=-1,x_4=0$$

所以

$$\boldsymbol{\beta}=\frac{1}{2}\boldsymbol{\alpha}_1+\frac{1}{2}\boldsymbol{\alpha}_2-\boldsymbol{\alpha}_s.$$

【例 3-3-4】 证明向量组 $\boldsymbol{\alpha}_1,\boldsymbol{\alpha}_2,\cdots,\boldsymbol{\alpha}_s$ 中任一向量 $\boldsymbol{\alpha}_i(i=1,2,\cdots,s)$ 可以由向量组 $\boldsymbol{\alpha}_1,\boldsymbol{\alpha}_2,\cdots,\boldsymbol{\alpha}_s$ 线性表出.

证明 因为

$$\boldsymbol{\alpha}_i=0\boldsymbol{\alpha}_1+0\boldsymbol{\alpha}_2+\boldsymbol{0}\boldsymbol{\alpha}_{i-1}+1\boldsymbol{\alpha}_i+0\boldsymbol{\alpha}_{i+1}+\cdots+0\boldsymbol{\alpha}_s,$$

所以 $\boldsymbol{\alpha}_i(i=1,2,\cdots,s)$ 可以由向量组 $\boldsymbol{\alpha}_1,\boldsymbol{\alpha}_2,\cdots,\boldsymbol{\alpha}_s$ 线性表出.

对于向量组

$$\boldsymbol{\alpha}_1=[1,3,-1,2]^{\mathrm{T}},\boldsymbol{\alpha}_2=[2,-1,3,0]^{\mathrm{T}},\boldsymbol{\alpha}_3=[5,1,5,2]^{\mathrm{T}},$$

容易求出 $\boldsymbol{\alpha}_3=\boldsymbol{\alpha}_1+2\boldsymbol{\alpha}_2$，于是有 $\boldsymbol{\alpha}_1+2\boldsymbol{\alpha}_2-\boldsymbol{\alpha}_3=0$. 具有这种性质的向量组称为线性相关的向量组.

定义 3-3-3 对于向量组 $\boldsymbol{\alpha}_1,\boldsymbol{\alpha}_2,\cdots,\boldsymbol{\alpha}_s$，若存在 s 个不全为零的常数 $k_1,k_2,\cdots,k_s$，使得

$$k_1\boldsymbol{\alpha}_1+k_2\boldsymbol{\alpha}_2+\cdots+k_s\boldsymbol{\alpha}_s=\boldsymbol{0},$$

则称向量组 $\boldsymbol{\alpha}_1,\boldsymbol{\alpha}_2,\cdots,\boldsymbol{\alpha}_s$ **线性相关**；否则称向量组 $\boldsymbol{\alpha}_1,\boldsymbol{\alpha}_2,\cdots,\boldsymbol{\alpha}_s$ **线性无关**.

【例 3-3-5】 试证：向量组 $\boldsymbol{\alpha}_1,\boldsymbol{\alpha}_2,\boldsymbol{0},\boldsymbol{\alpha}_3$ 是线性相关的.

证明 因为

$$0\cdot\boldsymbol{\alpha}_1+0\cdot\boldsymbol{\alpha}_2+1\cdot\boldsymbol{0}+0\cdot\boldsymbol{\alpha}_3=\boldsymbol{0},$$

其中系数 0,0,1,0 不全为零，所以 $\boldsymbol{\alpha}_1,\boldsymbol{\alpha}_2,\boldsymbol{0},\boldsymbol{\alpha}_3$ 是线性相关的.

由此例可看出，包含零向量的向量组一定是线性相关的.

定义 3-3-3 中还告诉我们线性无关向量组的特点是：它只有系数全为零的线性组合才是零向量，除此以外，它不再有别的线性组合是零向量. 经常利用线性无关向量组的这

个特点来证明一个向量组的线性无关性.

【例 3-3-6】 试证:向量组

$$e_1=\begin{bmatrix}1\\0\\0\end{bmatrix},\quad e_2=\begin{bmatrix}0\\1\\0\end{bmatrix},\quad e_3=\begin{bmatrix}0\\0\\1\end{bmatrix}$$

是线性无关的.

证明 若 $k_1\boldsymbol{e}_1+k_2\boldsymbol{e}_2+k_3\boldsymbol{e}_3=\boldsymbol{0}$,即

$$k_1\begin{bmatrix}1\\0\\0\end{bmatrix}+k_2\begin{bmatrix}0\\1\\0\end{bmatrix}+k_3\begin{bmatrix}0\\0\\1\end{bmatrix}=\begin{bmatrix}0\\0\\0\end{bmatrix},$$

由上式解得唯一解 $k_1=0,k_2=0,k_3=0$,可知 $\boldsymbol{e}_1,\boldsymbol{e}_2,\boldsymbol{e}_3$ 线性无关.

今后总用 $\boldsymbol{e}_i$ 表示第 i 个分量为 1、其余分量为 0 的向量. 显然,n 维向量组 $\boldsymbol{e}_1,\boldsymbol{e}_2,\cdots,\boldsymbol{e}_n$ 是线性无关的.

对于仅含有一个向量的向量组,由定义容易推知:

单独一个零向量线性相关;

单独一个非零向量线性无关.

3.3.3 线性相关性的判别

判别向量组的线性相关性,还可应用下面的几个重要的结论.

定理 3-3-2 对于向量组 $\boldsymbol{\alpha}_1,\boldsymbol{\alpha}_2,\cdots,\boldsymbol{\alpha}_s$,若齐次线性方程组

$$x_1\boldsymbol{\alpha}_1+x_2\boldsymbol{\alpha}_2+\cdots+x_s\boldsymbol{\alpha}_s=\boldsymbol{0}$$

有非零解,则向量组 $\boldsymbol{\alpha}_1,\boldsymbol{\alpha}_2,\cdots,\boldsymbol{\alpha}_s$ 线性相关;若该齐次线性方程组只有唯一的零解,则向量组 $\boldsymbol{\alpha}_1,\boldsymbol{\alpha}_2,\cdots,\boldsymbol{\alpha}_s$ 线性无关.

只要将上面的齐次线性方程组视为以 $\boldsymbol{\alpha}_1,\boldsymbol{\alpha}_2,\cdots,\boldsymbol{\alpha}_s$ 为系数列向量,以 $k_1,k_2,\cdots,k_s$ 为未知数的齐次线性方程组,就可由定义 3-3-3 直接得到定理 3-3-2 的结论.

定理 3-3-3 关于向量组 $\boldsymbol{\alpha}_1,\boldsymbol{\alpha}_2,\cdots,\boldsymbol{\alpha}_s$,设矩阵

$$\mathbf{A}=[\boldsymbol{\alpha}_1,\boldsymbol{\alpha}_2,\cdots,\boldsymbol{\alpha}_s].$$

若 $r(\mathbf{A})=s$,则向量组 $\boldsymbol{\alpha}_1,\boldsymbol{\alpha}_2,\cdots,\boldsymbol{\alpha}_s$ 线性无关;若 $r(\mathbf{A})<s$,则向量组 $\boldsymbol{\alpha}_1,\boldsymbol{\alpha}_2,\cdots,\boldsymbol{\alpha}_s$ 线性相关.

由于一个矩阵的秩不会大于矩阵的行数,因此有下述结论:

定理 3-3-4 若 n 维向量的向量组中向量的个数 $m>n$,则该向量组一定线性相关.

我们经常利用这些定理来判定向量组的线性相关性.

【例 3-3-7】 判断下列向量组是否线性相关：

(1)$\boldsymbol{\alpha}_1=(1,2,1,1)^{\mathrm{T}},\boldsymbol{\alpha}_2=(1,1,1,2)^{\mathrm{T}},\boldsymbol{\alpha}_3=(-3,-2,1,-3)^{\mathrm{T}}$；

(2)$\boldsymbol{\beta}_1=(1,1,1)^{\mathrm{T}},\boldsymbol{\beta}_2=(1,-1,-2)^{\mathrm{T}},\boldsymbol{\beta}_3=(-1,1,2)^{\mathrm{T}}$.

解 (1)$$\boldsymbol{A}=(\boldsymbol{\alpha}_1,\boldsymbol{\alpha}_2,\boldsymbol{\alpha}_3)=\begin{bmatrix}1&1&-3\\2&1&-2\\1&1&1\\1&2&-3\end{bmatrix}\xrightarrow[r_4+(-1)r_1]{\substack{r_2+(-2)r_1\\r_3+(-1)r_1}}\begin{bmatrix}1&1&-3\\0&-1&4\\0&0&4\\0&1&0\end{bmatrix}$$

$$\xrightarrow[r_4+(-1)r_3]{r_4+r_2}\begin{bmatrix}1&1&-3\\0&-1&4\\0&0&4\\0&0&0\end{bmatrix}$$

故 $r(\boldsymbol{A})=3$，由定理 3-3-3 知 $\boldsymbol{\alpha}_1,\boldsymbol{\alpha}_2,\boldsymbol{\alpha}_3$ 线性无关.

(2)由于

$$|\boldsymbol{\beta}_1,\boldsymbol{\beta}_2,\boldsymbol{\beta}_3|=\begin{vmatrix}1&1&-1\\1&-1&1\\1&-2&2\end{vmatrix}=0$$

由定理 3-3-2 知 $\boldsymbol{\beta}_1,\boldsymbol{\beta}_2,\boldsymbol{\beta}_3$ 线性相关.

【例 3-3-8】 设四维向量组 $\boldsymbol{\alpha}_1=[a_1,a_2,a_3,a_4]^{\mathrm{T}},\boldsymbol{\alpha}_2=[b_1,b_2,b_3,b_4]^{\mathrm{T}},\boldsymbol{\alpha}_3=[c_1,c_2,c_3,c_4]^{\mathrm{T}}$ 线性无关. 试证：在每一个向量上添上一个分量，得到的五维向量组

$$\boldsymbol{\beta}_1=[a_1,a_2,a_3,a_4,a_5]^{\mathrm{T}},$$
$$\boldsymbol{\beta}_2=[b_1,b_2,b_3,b_4,b_5]^{\mathrm{T}},$$
$$\boldsymbol{\beta}_3=[c_1,c_2,c_3,c_4,c_5]^{\mathrm{T}},$$

也线性无关.

证明 因为 $\boldsymbol{\alpha}_1,\boldsymbol{\alpha}_2,\boldsymbol{\alpha}_3$ 线性无关，所以相应的齐次线性方程组

$$\begin{cases}a_1x_1+b_1x_2+c_1x_3=0\\a_2x_1+b_2x_2+c_2x_3=0\\a_3x_1+b_3x_2+c_3x_3=0\\a_4x_1+b_4x_2+c_4x_3=0\end{cases}, \tag{3-3-2}$$

只有零解，考虑 $\boldsymbol{\beta}_1,\boldsymbol{\beta}_2,\boldsymbol{\beta}_3$ 相应的齐次线性方程组

$$\begin{cases} a_1x_1+b_1x_2+c_1x_3=0 \\ a_2x_1+b_2x_2+c_2x_3=0 \\ a_3x_1+b_3x_2+c_3x_3=0 \\ a_4x_1+b_4x_2+c_4x_3=0 \\ a_5x_1+b_5x_2+c_5x_3=0 \end{cases}. \tag{3-3-3}$$

显然，方程组(3-3-3)的每一个解都是方程组(3-3-2)的解. 既然方程组(3-3-2)只有零解，所以方程组(3-3-3)也只有零解，从而 $\boldsymbol{\beta}_1,\boldsymbol{\beta}_2,\boldsymbol{\beta}_3$ 线性无关.

用同样的方法也可把此结论推广到一般情形，即有

定理 3-3-5 若 n 维向量组 $\boldsymbol{\alpha}_1,\boldsymbol{\alpha}_2,\cdots,\boldsymbol{\alpha}_s(s\geqslant 2)$ 线性无关，则在每个向量上添上 m 个分量，得到的 $n+m$ 维向量组 $\boldsymbol{\beta}_1,\boldsymbol{\beta}_2,\cdots,\boldsymbol{\beta}_s$ 也线性无关.

定理 3-3-6 向量组 $\boldsymbol{\alpha}_1,\boldsymbol{\alpha}_2,\cdots,\boldsymbol{\alpha}_s(s\geqslant 2)$ 线性相关的充要条件是：其中有一个向量可以由其余向量线性表出.

证明 必要性

已知向量组 $\boldsymbol{\alpha}_1,\boldsymbol{\alpha}_2,\cdots,\boldsymbol{\alpha}_s$ 线性无关，由定义 3-3-3 知，有一组不全为零的数 $k_1,k_2,\cdots,k_s$，使得

$$k_1\boldsymbol{\alpha}_1+k_2\boldsymbol{\alpha}_2+\cdots+k_s\boldsymbol{\alpha}_s=\mathbf{0},$$

不妨设 $k_i\neq 0$，由上式移项得

$$k_i\boldsymbol{\alpha}_i=-k_1\boldsymbol{\alpha}_1-k_2\boldsymbol{\alpha}_2-k_{i-1}\boldsymbol{\alpha}_{i-1}-k_{i+1}\boldsymbol{\alpha}_{i+1}-\cdots-k_s\boldsymbol{\alpha}_s,$$

即

$$\boldsymbol{\alpha}_i=-\frac{k_1}{k_i}\boldsymbol{\alpha}_1-\frac{k_2}{k_i}\boldsymbol{\alpha}_2-\frac{k_{i-1}}{k_i}\boldsymbol{\alpha}_{i-1}-\frac{k_{i+1}}{k_i}\boldsymbol{\alpha}_{i+1}-\cdots-\frac{k_s}{k_i}\boldsymbol{\alpha}_s,$$

这说明 $\boldsymbol{\alpha}_i$ 可由其余向量线性表出.

充分性

已知向量 $\boldsymbol{\alpha}_1,\boldsymbol{\alpha}_2,\cdots,\boldsymbol{\alpha}_s(s\geqslant 2)$ 中有一个向量 $\boldsymbol{\alpha}_j$ 可以用其余向量线性表出，即

$$\boldsymbol{\alpha}_j=k'_1\boldsymbol{\alpha}_1+k'_2\boldsymbol{\alpha}_2+\cdots+k'_{j-1}\boldsymbol{\alpha}_{j-1}+k'_{j+1}\boldsymbol{\alpha}_{j+1}+\cdots+k'_s\boldsymbol{\alpha}_s,$$

移项得

$$k'_1\boldsymbol{\alpha}_1+k'_2\boldsymbol{\alpha}_2+\cdots+k'_{j-1}\boldsymbol{\alpha}_{j-1}-\boldsymbol{\alpha}_j+k'_{j+1}\boldsymbol{\alpha}_{j+1}+\cdots+k'_s\boldsymbol{\alpha}_s=\mathbf{0},$$

因为 $k'_1,k'_2,k'_{j-1},-1,k'_{j+1},k'_s$ 中至少有一个 $-1\neq 0$，所以 $\boldsymbol{\alpha}_1,\boldsymbol{\alpha}_2,\cdots,\boldsymbol{\alpha}_s(s\geqslant 2)$ 线性相关.

定理 3-3-7 向量组 $\boldsymbol{\alpha}_1,\boldsymbol{\alpha}_2,\cdots,\boldsymbol{\alpha}_s(s\geqslant 2)$ 线性无关的充要条件是：其中任一个向量都不能由其余向量线性表出.

【例 3-3-9】 试证：线性无关向量组的任何部分组也是线性无关的.

证明 设向量组 $\boldsymbol{\alpha}_1,\boldsymbol{\alpha}_2,\cdots,\boldsymbol{\alpha}_s(s\geqslant 2)$线性无关，不妨设 $\boldsymbol{\alpha}_1,\boldsymbol{\alpha}_2,\cdots,\boldsymbol{\alpha}_t(t<s)$线性相关，由定义 3-3-3 知，有一组不全为零的数 $k_1,k_2,\cdots,k_t$，使得

$$k_1\boldsymbol{\alpha}_1+k_2\boldsymbol{\alpha}_2+\cdots+k_t\boldsymbol{\alpha}_t=\mathbf{0},$$

从而有

$$k_1\boldsymbol{\alpha}_1+k_2\boldsymbol{\alpha}_2+\cdots+k_t\boldsymbol{\alpha}_t+0\cdot\boldsymbol{\alpha}_{t+1}+\cdots+0\cdot\boldsymbol{\alpha}_s=\mathbf{0},$$

因为 $k_1,k_2,\cdots,k_t$ 不全为零，所以 $k_1,k_2,\cdots,k_t,0,\cdots,0$ 也不全为零，所以 $\boldsymbol{\alpha}_1,\boldsymbol{\alpha}_2,\cdots,\boldsymbol{\alpha}_s$ $(s\geqslant 2)$线性相关. 这与已知 $\boldsymbol{\alpha}_1,\boldsymbol{\alpha}_2,\cdots,\boldsymbol{\alpha}_s(s\geqslant 2)$线性无关相矛盾，故 $\boldsymbol{\alpha}_1,\boldsymbol{\alpha}_2,\cdots,\boldsymbol{\alpha}_t$ 线性无关.

【例 3-3-10】 设向量组 $\boldsymbol{\alpha}_1,\boldsymbol{\alpha}_2,\cdots,\boldsymbol{\alpha}_s(s\geqslant 2)$线性无关，而向量组 $\boldsymbol{\alpha}_1,\boldsymbol{\alpha}_2,\cdots,\boldsymbol{\alpha}_s,\boldsymbol{\beta}$ 线性相关，证明 $\boldsymbol{\beta}$ 一定可以由向量组 $\boldsymbol{\alpha}_1,\boldsymbol{\alpha}_2,\cdots,\boldsymbol{\alpha}_s$ 线性表出.

证明 因为 $\boldsymbol{\alpha}_1,\boldsymbol{\alpha}_2,\cdots,\boldsymbol{\alpha}_s,\boldsymbol{\beta}$ 线性相关，由定义 3-3-3 知，存在不全为零的数 $k_1,k_2,\cdots,k_s,k_{s+1}$，使得

$$k_1\boldsymbol{\alpha}_1+k_2\boldsymbol{\alpha}_2+\cdots+k_s\boldsymbol{\alpha}_s+k_{s+1}\boldsymbol{\beta}=\mathbf{0},$$

假设 $k_{s+1}=0$，则上式变成为

$$k_1\boldsymbol{\alpha}_1+k_2\boldsymbol{\alpha}_2+\cdots+k_s\boldsymbol{\alpha}_s=\mathbf{0},$$

而 $k_1,k_2,\cdots,k_s$ 不全为零，这与 $\boldsymbol{\alpha}_1,\boldsymbol{\alpha}_2,\cdots,\boldsymbol{\alpha}_s$ 线性无关相矛盾，因此 $k_{s+1}\neq 0$，于是

$$\boldsymbol{\beta}=-\frac{k_1}{k_{s+1}}\boldsymbol{\alpha}_1-\frac{k_2}{k_{s+1}}\boldsymbol{\alpha}_2-\cdots-\frac{k_s}{k_{s+1}}\boldsymbol{\alpha}_s.$$

即 $\boldsymbol{\beta}$ 可以由向量组 $\boldsymbol{\alpha}_1,\boldsymbol{\alpha}_2,\cdots,\boldsymbol{\alpha}_s$ 线性表出.

【例 3-3-11】 若向量组 $\boldsymbol{\alpha}_1,\boldsymbol{\alpha}_2,\cdots,\boldsymbol{\alpha}_s$ 中每一个向量都是 $\boldsymbol{\beta}_1,\boldsymbol{\beta}_2,\cdots,\boldsymbol{\beta}_t$ 的线性组合，且 $t<s$，证明 $\boldsymbol{\alpha}_1,\boldsymbol{\alpha}_2,\cdots,\boldsymbol{\alpha}_s$ 线性相关.

证明 由已知条件设

$$\boldsymbol{\alpha}_i=a_{1i}\boldsymbol{\beta}_1+a_{2i}\boldsymbol{\beta}_2+\cdots+a_{ti}\boldsymbol{\beta}_t,\quad i=1,2,\cdots,s,$$

于是

$$\begin{aligned}k_1\boldsymbol{\alpha}_1+k_2\boldsymbol{\alpha}_2+\cdots+k_s\boldsymbol{\alpha}_s=&k_1(a_{11}\boldsymbol{\beta}_1+a_{21}\boldsymbol{\beta}_2+\cdots+a_{t1}\boldsymbol{\beta}_t)+k_2(a_{12}\boldsymbol{\beta}_1+a_{22}\boldsymbol{\beta}_2+\cdots+a_{t2}\boldsymbol{\beta}_t)+\cdots+\\&k_s(a_{1s}\boldsymbol{\beta}_1+a_{2s}\boldsymbol{\beta}_2+\cdots+a_{ts}\boldsymbol{\beta}_t),\end{aligned}$$

所以只要 $k_1,k_2,\cdots,k_s$ 满足齐次线性方程组

$$\begin{cases}a_{11}k_1+a_{12}k_2+\cdots+a_{1s}k_2=0,\\a_{21}k_1+a_{22}k_2+\cdots+a_{2s}k_2=0,\\\quad\cdots\cdots\\a_{t1}k_1+a_{t2}k_2+\cdots+a_{ts}k_2=0,\end{cases}\tag{3-3-4}$$

就有

$$k_1\boldsymbol{\alpha}_1+k_2\boldsymbol{\alpha}_2+\cdots+k_s\boldsymbol{\alpha}_s=\mathbf{0}$$

而方程组(3-3-4)只有 t 个方程,故系数矩阵的秩必不超过 $t(t<s)$,即上式有非零解,所以 $\boldsymbol{\alpha}_1,\boldsymbol{\alpha}_2,\cdots,\boldsymbol{\alpha}_s$ 线性相关.

习题 3.3

1. 填空题

(1)已知向量组$\{\boldsymbol{\alpha}\}$线性相关,则 $\boldsymbol{\alpha}=$________.

(2)已知 $\boldsymbol{\alpha}_1=(1,0,-1)$,$\boldsymbol{\alpha}_2=(2,-3,1)$,则 $2\boldsymbol{\alpha}_1-3\boldsymbol{\alpha}_2=$________.

(3)已知向量 $\boldsymbol{\alpha}=(1,2)$和 $\boldsymbol{\beta}=(2,k)$线性无关,则 k 必须满足________.

(4)已知三向量 $\boldsymbol{\alpha}_1=(a,1,1)$,$\boldsymbol{\alpha}_2=(1,a,1)$和 $\boldsymbol{\alpha}_3=(1,-1,a)$线性相关,则 $a=$________.

(5)设有向量 $\boldsymbol{\alpha}_1=(1+\lambda,1,1)$,$\boldsymbol{\alpha}_2=(1,1+\lambda,1)$,$\boldsymbol{\alpha}_3=(1,1,1+\lambda)$,$\boldsymbol{\beta}=(1,3,2)$,且 $\boldsymbol{\beta}$ 可由 $\boldsymbol{\alpha}_1,\boldsymbol{\alpha}_2,\boldsymbol{\alpha}_3$ 唯一线性表示,则 λ 满足的条件是________.

2. 已知向量组

$$\boldsymbol{A}:\boldsymbol{\alpha}_1=\begin{bmatrix}0\\1\\2\\3\end{bmatrix},\boldsymbol{\alpha}_2=\begin{bmatrix}3\\0\\1\\2\end{bmatrix},\boldsymbol{\alpha}_3=\begin{bmatrix}2\\3\\0\\1\end{bmatrix};\quad \boldsymbol{B}:\boldsymbol{\beta}_1=\begin{bmatrix}2\\1\\1\\2\end{bmatrix},\boldsymbol{\beta}_2=\begin{bmatrix}0\\-2\\1\\1\end{bmatrix},\boldsymbol{\beta}_3=\begin{bmatrix}4\\4\\1\\3\end{bmatrix}.$$

证明:

$\boldsymbol{B}$ 组能由 $\boldsymbol{A}$ 组线性表示,但 $\boldsymbol{A}$ 组不能由 $\boldsymbol{B}$ 组线性表示.

写出 $\boldsymbol{B}$ 组中的 $\boldsymbol{\beta}_1$ 用 $\boldsymbol{\alpha}_1,\boldsymbol{\alpha}_2,\boldsymbol{\alpha}_3$ 的线性表示式.

3. 判断下列向量组的线性相关性.

(1)$\boldsymbol{\alpha}_1=(1,2,3)$,$\boldsymbol{\alpha}_2=(1,-4,1)$,$\boldsymbol{\alpha}_3=(1,14,7)$;

(2)$\boldsymbol{\beta}_1=(1,2,1,1,)$,$\boldsymbol{\beta}_2=(1,1,2,-1)$,$\boldsymbol{\beta}_3=(3,4,5,1)$.

3.4 向量组的秩

3.4.1 最大线性无关组与向量组的秩

前面在讨论向量组的线性组合和线性相关时,矩阵的秩起了十分重要的作用.

定义 3-4-1 设有向量组 $\boldsymbol{A}$，如果在 $\boldsymbol{A}$ 中能选出 r 个向量 $\boldsymbol{\alpha}_1,\boldsymbol{\alpha}_2,\cdots,\boldsymbol{\alpha}_r$，满足

(1)向量组 $\boldsymbol{A}_0:\boldsymbol{\alpha}_1,\boldsymbol{\alpha}_2,\cdots,\boldsymbol{\alpha}_r$ 线性无关；

(2)向量组 $\boldsymbol{A}$ 中任意 $r+1$ 个向量(如果 $\boldsymbol{A}$ 中有 $r+1$ 个向量的话)都线性相关.

那么称向量组 $\boldsymbol{A}_0$ 是向量组 $\boldsymbol{A}$ 的一个最大线性无关向量组(简称最大无关组)；最大无关组中所含向量个数 r 称为向量组 $\boldsymbol{A}$ 的秩，记作 $R(\boldsymbol{A})$.

只含零向量的向量组没有最大无关组，规定它的秩为 0.

对于秩含有有限个向量的向量组 $\boldsymbol{A}_0:\boldsymbol{\alpha}_1,\boldsymbol{\alpha}_2,\cdots,\boldsymbol{\alpha}_m$，它可构成矩阵 $\boldsymbol{A}=(\boldsymbol{\alpha}_1,\boldsymbol{\alpha}_2,\cdots,\boldsymbol{\alpha}_m)$. 把定义 3-4-1 与矩阵的最高阶非零子式及矩阵的秩的定义做比较，容易想到向量组 $\boldsymbol{A}$ 的秩就等于矩阵 $\boldsymbol{A}$ 的秩，即有

定理 3-4-1 矩阵的秩等于它的列向量组的秩，也等于它的行向量组的秩.

证明 设 $\boldsymbol{A}=(\boldsymbol{\alpha}_1,\boldsymbol{\alpha}_2,\cdots,\boldsymbol{\alpha}_m)$，$R(\boldsymbol{A})=r$，并设 r 阶子式 $D_r\neq 0$. 由 $D_r\neq 0$ 知 D_r 所在的 r 列线性无关；又由 $\boldsymbol{A}$ 中所有 $r+1$ 阶子式均为零，知 $\boldsymbol{A}$ 中任何 $r+1$ 个列向量都线性相关. 因此 D_r 所在的 r 列是 $\boldsymbol{A}$ 的列向量组的一个最大无关组，所以两向量组的秩等于 r.

类似可证矩阵 $\boldsymbol{A}$ 的行向量组的秩也等于 $R(\boldsymbol{A})$.

今后向量组 $\boldsymbol{\alpha}_1,\boldsymbol{\alpha}_2,\cdots,\boldsymbol{\alpha}_m$ 的秩也记作 $R(\boldsymbol{\alpha}_1,\boldsymbol{\alpha}_2,\cdots,\boldsymbol{\alpha}_m)$.

从上述证明中可见：若 D_r 是矩阵 $\boldsymbol{A}$ 的一个最高阶非零子式，则 D_r 所在的 r 列即是 $\boldsymbol{A}$ 的列向量组的一个最大无关组，D_r 所在的 r 行即是 $\boldsymbol{A}$ 的行向量组的一个最大无关组.

向量组的最大无关组一般不是唯一的，例如

$$(\boldsymbol{\alpha}_1,\boldsymbol{\alpha}_2,\boldsymbol{\alpha}_3)=\begin{bmatrix}1&0&2\\1&2&4\\1&5&7\end{bmatrix},$$

由 $R(\boldsymbol{\alpha}_1,\boldsymbol{\alpha}_2)=2$，知 $\boldsymbol{\alpha}_1,\boldsymbol{\alpha}_2$ 线性无关；由 $R(\boldsymbol{\alpha}_1,\boldsymbol{\alpha}_2,\boldsymbol{\alpha}_3)=2$，知 $\boldsymbol{\alpha}_1,\boldsymbol{\alpha}_2,\boldsymbol{\alpha}_3$ 线性相关，因此 $\boldsymbol{\alpha}_1,\boldsymbol{\alpha}_2$ 是向量组 $\boldsymbol{\alpha}_1,\boldsymbol{\alpha}_2,\boldsymbol{\alpha}_3$ 的一个最大无关组.

此外，$R(\boldsymbol{\alpha}_1,\boldsymbol{\alpha}_3)=2$ 及 $R(\boldsymbol{\alpha}_2,\boldsymbol{\alpha}_3)=2$ 可知 $\boldsymbol{\alpha}_1,\boldsymbol{\alpha}_3$ 和 $\boldsymbol{\alpha}_2,\boldsymbol{\alpha}_3$ 都是向量组 $\boldsymbol{\alpha}_1,\boldsymbol{\alpha}_2,\boldsymbol{\alpha}_3$ 的最大无关组.

【例 3-4-1】 全体 n 维向量构成的向量组记为 $\boldsymbol{R}^n$，求 $\boldsymbol{R}^n$ 的一个最大无关组及 $\boldsymbol{R}^n$ 的秩.

解 因为 n 维单位坐标向量构成的向量组

$$E:e_1,e_2,\cdots,e_n$$

是线性无关的，且 $\boldsymbol{R}^n$ 中的任意 $n+1$ 个向量都是线性相关的，因此向量组 E 是 $\boldsymbol{R}^n$ 的一个

最大无关组，且 $R(\boldsymbol{R}^n)=n$.

显然，$\boldsymbol{R}^n$ 的最大无关组很多，任何 n 个线性无关的 n 维向量都是 $\boldsymbol{R}^n$ 的无关组.

定理 3-4-2 列向量组通过初等变换不改变向量组的线性相关性.

证明 向量组 $(\boldsymbol{\alpha}_1,\boldsymbol{\alpha}_2,\cdots,\boldsymbol{\alpha}_k)$ 的线性相关性，由方程组

$$(\boldsymbol{\alpha}_1,\boldsymbol{\alpha}_2,\cdots,\boldsymbol{\alpha}_k)\boldsymbol{X}=\boldsymbol{O}$$

是否有非零解决定.

现经过初等行变换

$$(\boldsymbol{\alpha}_1,\boldsymbol{\alpha}_2,\cdots,\boldsymbol{\alpha}_k)\xrightarrow{\text{初等行变换}}(\boldsymbol{\beta}_1,\boldsymbol{\beta}_2,\cdots,\boldsymbol{\beta}_k),$$

则有

$$(\boldsymbol{\alpha}_1,\boldsymbol{\alpha}_2,\cdots,\boldsymbol{\alpha}_k)\boldsymbol{X}=\boldsymbol{O}$$

和

$$(\boldsymbol{\beta}_1,\boldsymbol{\beta}_2,\cdots,\boldsymbol{\beta}_k)\boldsymbol{X}=\boldsymbol{O}$$

为同解方程组，所以向量组 $(\boldsymbol{\alpha}_1,\boldsymbol{\alpha}_2,\cdots,\boldsymbol{\alpha}_k)$ 和向量组 $(\boldsymbol{\beta}_1,\boldsymbol{\beta}_2,\cdots,\boldsymbol{\beta}_k)$ 线性相关性相同.

至此，我们一方面知道可以用初等行变换来求列向量组的秩和最大无关组，另一方面又对矩阵的秩有了新的认识，即矩阵的秩就是列向量组中最大无关组的个数. 又知 $R(\boldsymbol{A})=R(\boldsymbol{A}^{\mathrm{T}})$，因此有下面的定理.

定理 3-4-3 矩阵 $\boldsymbol{A}$ 的秩 $=$ 矩阵 $\boldsymbol{A}$ 的列向量组的秩 $=$ 矩阵 $\boldsymbol{A}$ 的行向量组的秩.

【例 3-4-2】 设矩阵

$$\boldsymbol{A}=\begin{bmatrix}2&-1&-1&1&2\\1&1&-2&1&4\\4&-6&2&-2&4\\3&6&-6&7&9\end{bmatrix},$$

求矩阵 $\boldsymbol{A}$ 的列向量组的一个最大无关组，并把不属于最大无关组中的列向量用最大无关组线性表示.

解 对 $\boldsymbol{A}$ 实施初等行变换化为阶梯形矩阵

$$\boldsymbol{A}\overset{r}{\sim}\begin{bmatrix}1&1&-2&1&4\\0&1&-1&1&0\\0&0&0&1&-3\\0&0&0&0&0\end{bmatrix},$$

知 $R(\boldsymbol{A})=3$，故列向量组的最大线性无关组含 3 个向量. 而三个非零行的非零首元在 1、2、4 列，故 $\boldsymbol{\alpha}_1,\boldsymbol{\alpha}_2,\boldsymbol{\alpha}_4$ 为列向量组的一个最大无关组. 这是因为

$$(\boldsymbol{\alpha}_1,\boldsymbol{\alpha}_2,\boldsymbol{\alpha}_4)=\begin{bmatrix}1&1&1\\0&1&1\\0&0&1\\0&0&0\end{bmatrix},$$

知 $R(\boldsymbol{\alpha}_1,\boldsymbol{\alpha}_2,\boldsymbol{\alpha}_4)=3$，故 $\boldsymbol{\alpha}_1,\boldsymbol{\alpha}_2,\boldsymbol{\alpha}_4$ 线性无关.

为把 $\boldsymbol{\alpha}_3,\boldsymbol{\alpha}_5$ 用 $\boldsymbol{\alpha}_1,\boldsymbol{\alpha}_2,\boldsymbol{\alpha}_4$ 线性表示，把 $\boldsymbol{A}$ 再变换成行最简形矩阵

$$\boldsymbol{A}\overset{r}{\sim}\begin{bmatrix}1&0&-1&0&4\\0&1&-1&0&3\\0&0&0&1&-3\\0&0&0&0&0\end{bmatrix},$$

把上面的行最简形矩阵记作 $\boldsymbol{B}=(\boldsymbol{\beta}_1,\boldsymbol{\beta}_2,\boldsymbol{\beta}_3,\boldsymbol{\beta}_4,\boldsymbol{\beta}_5)$，由于方程 $\boldsymbol{Ax}=0$ 与 $\boldsymbol{Bx}=0$ 同解，即方程

$$x_1\boldsymbol{\alpha}_1+x_2\boldsymbol{\alpha}_2+x_3\boldsymbol{\alpha}_3+x_4\boldsymbol{\alpha}_4+x_5\boldsymbol{\alpha}_5=0$$

与

$$x_1\boldsymbol{\beta}_1+x_2\boldsymbol{\beta}_2+x_3\boldsymbol{\beta}_3+x_4\boldsymbol{\beta}_4+x_5\boldsymbol{\beta}_5=0$$

同解，因此向量 $\boldsymbol{\alpha}_1,\boldsymbol{\alpha}_2,\boldsymbol{\alpha}_3,\boldsymbol{\alpha}_4,\boldsymbol{\alpha}_5$ 之间的线性关系与向量 $\boldsymbol{\beta}_1,\boldsymbol{\beta}_2,\boldsymbol{\beta}_3,\boldsymbol{\beta}_4,\boldsymbol{\beta}_5$ 之间的线性关系是相同的. 现在

$$\boldsymbol{\beta}_3=\begin{bmatrix}-1\\-1\\0\\0\end{bmatrix}=(-1)\begin{bmatrix}1\\0\\0\\0\end{bmatrix}+(-1)\begin{bmatrix}0\\1\\0\\0\end{bmatrix}=-\boldsymbol{\beta}_1-\boldsymbol{\beta}_2,$$

$$\boldsymbol{\beta}_5=4\boldsymbol{\beta}_1+3\boldsymbol{\beta}_2-3\boldsymbol{\beta}_4,$$

因此

$$\boldsymbol{\alpha}_3=-\boldsymbol{\alpha}_1-\boldsymbol{\alpha}_2,$$

$$\boldsymbol{\alpha}_5=4\boldsymbol{\alpha}_1+3\boldsymbol{\alpha}_2-3\boldsymbol{\alpha}_4.$$

本例的解法表明：如果矩阵 $\boldsymbol{A}_{m\times n}$ 与 $\boldsymbol{B}_{l\times n}$ 的行向量组等价（齐次线性方程组 $\boldsymbol{Ax}=0$ 与 $\boldsymbol{Bx}=0$ 可互推），则方程 $\boldsymbol{Ax}=0$ 与 $\boldsymbol{Bx}=0$ 通解，从而 $\boldsymbol{A}$ 的列向量组各向量之间与 $\boldsymbol{B}$ 的列向量组各向量之间有相同的线性关系. 如果 $\boldsymbol{B}$ 是一个行最简形矩阵，则容易看出 $\boldsymbol{B}$ 的列向量组各向量之间的线性关系，从而也就得到 $\boldsymbol{A}$ 的列向量组各向量之间的线性关系（一个向量组的这种线性关系一般很多，但只要求出这个向量组的最大无关组及不属于最大无关组的向量用最大无关组线性表示的表示式，有了这些，就能推知其余的线性关系）.

3.4.2 向量组的等价关系

定义 3-4-2 设有两个向量组 $\boldsymbol{A}=(\boldsymbol{\alpha}_1,\boldsymbol{\alpha}_2,\cdots,\boldsymbol{\alpha}_r)$，$\boldsymbol{B}=(\boldsymbol{\beta}_1,\boldsymbol{\beta}_2,\cdots,\boldsymbol{\beta}_s)$，如果向量组 $\boldsymbol{A}$ 能由向量组 $\boldsymbol{B}$ 线性表示，且向量组 $\boldsymbol{B}$ 也能由向量组 $\boldsymbol{A}$ 线性表示，则称向量组 $\boldsymbol{A}$ 与向量组 $\boldsymbol{B}$ 等价.

向量组 $\boldsymbol{A}$ 和它的最大无关组 $\boldsymbol{A}_0$ 是等价的. 这是因为 $\boldsymbol{A}_0$ 组是 $\boldsymbol{A}$ 组的部分组，故 $\boldsymbol{A}_0$ 组总能由 $\boldsymbol{A}$ 组线性表示（$\boldsymbol{A}_0$ 组中的每个向量都能由 $\boldsymbol{A}$ 组表示）；由定义 3-4-1 的条件(1)知，对于 $\boldsymbol{A}$ 中任意一向量 $\boldsymbol{\alpha}$，$r+1$ 个向量 $\boldsymbol{\alpha}_1,\boldsymbol{\alpha}_2,\cdots,\boldsymbol{\alpha}_r,\boldsymbol{\alpha}$ 线性相关，而 $\boldsymbol{\alpha}_1,\boldsymbol{\alpha}_2,\cdots,\boldsymbol{\alpha}_r$ 线性无关，则 $\boldsymbol{\alpha}$ 能由 $\boldsymbol{\alpha}_1,\boldsymbol{\alpha}_2,\cdots,\boldsymbol{\alpha}_r$ 线性表示，即 $\boldsymbol{A}$ 组能由 $\boldsymbol{A}_0$ 组线性表示. 所以 $\boldsymbol{A}$ 组与 $\boldsymbol{A}_0$ 组等价.

上述结论的逆命题也是成立的，现把它当作最大无关组的等价定义叙述如下：

定理 3-4-4 设向量组 $\boldsymbol{A}_0:\boldsymbol{\alpha}_1,\boldsymbol{\alpha}_2,\cdots,\boldsymbol{\alpha}_r$ 是向量组 $\boldsymbol{A}$ 的一个部分组，且满足

(1)向量组 $\boldsymbol{A}_0$ 线性无关；

(2)向量组 $\boldsymbol{A}$ 的任一向量都能由向量组 $\boldsymbol{A}_0$ 线性表示；

那么向量组 $\boldsymbol{A}_0$ 便是向量组 $\boldsymbol{A}$ 的一个最大线性无关组.

证明 只要证明向量组 $\boldsymbol{A}$ 中任意 $r+1$ 个向量线性相关. 设 $\boldsymbol{\beta}_1,\boldsymbol{\beta}_2,\cdots,\boldsymbol{\beta}_{r+1}$ 是 $\boldsymbol{A}$ 中任意 $r+1$ 个向量，由定义 3-4-1 的条件(2)知这 $r+1$ 个向量能由向量组 $\boldsymbol{A}_0$ 线性表示，从而有

$$R(\boldsymbol{\beta}_1,\boldsymbol{\beta}_2,\cdots,\boldsymbol{\beta}_{r+1})\leqslant R(\boldsymbol{\alpha}_1,\boldsymbol{\alpha}_2,\cdots,\boldsymbol{\alpha}_r)=r$$

所以该 $r+1$ 个向量 $\boldsymbol{\beta}_1,\boldsymbol{\beta}_2,\cdots,\boldsymbol{\beta}_{r+1}$ 线性相关. 因此向量组 $\boldsymbol{A}_0$ 满足定义 3-4-1 规定的最大无关组的条件.

【例 3-4-3】 设齐次线性方程组

$$\begin{cases}x_1+2x_2+x_3-2x_4=0,\\2x_1+3x_2-x_4=0,\\x_1-x_2-5x_3+7x_4=0\end{cases}$$

的全体解向量构成的向量组为 $\boldsymbol{S}$，求 $\boldsymbol{S}$ 的秩.

解 先解方程组，为此把系数矩阵 $\boldsymbol{A}$ 化为行最简形矩阵：

$$\boldsymbol{A}=\begin{bmatrix}1&2&1&-2\\2&3&0&-1\\1&-1&-5&7\end{bmatrix}\xrightarrow{r}\begin{bmatrix}1&0&-3&4\\0&1&2&-3\\0&0&0&0\end{bmatrix},$$

得

$$\begin{cases}x_1=3x_3-4x_4\\x_2=-2x_3+3x_4\end{cases},$$

令自由未知量 $x_3=k_1,x_4=k_2$,得通解

$$\begin{bmatrix}x_1\\x_2\\x_3\\x_4\end{bmatrix}=k_1\begin{bmatrix}3\\-2\\1\\0\end{bmatrix}+k_2\begin{bmatrix}-4\\3\\0\\1\end{bmatrix},$$

把上式记作 $\boldsymbol{x}=k_1\boldsymbol{\xi}_1+k_2\boldsymbol{\xi}_2$,知

$$\boldsymbol{S}=\{\boldsymbol{x}=k_1\boldsymbol{\xi}_1+k_2\boldsymbol{\xi}_2\mid k_1,k_2\in R\},$$

即 $\boldsymbol{S}$ 能由向量组 $\boldsymbol{\xi}_1,\boldsymbol{\xi}_2$ 线性表示.又因 $\boldsymbol{\xi}_1,\boldsymbol{\xi}_2$ 的四个分量显然不成比例,故 $\boldsymbol{\xi}_1,\boldsymbol{\xi}_2$ 线性无关.因此根据最大无关组的等价定义知 $\boldsymbol{\xi}_1,\boldsymbol{\xi}_2$ 是 $\boldsymbol{S}$ 的最大无关组,从而 $R(\boldsymbol{S})=2$.

设向量组 $\boldsymbol{A}:\boldsymbol{\alpha}_1,\boldsymbol{\alpha}_2,\cdots,\boldsymbol{\alpha}_m$ 构成矩阵 $\boldsymbol{A}=(\boldsymbol{\alpha}_1,\boldsymbol{\alpha}_2,\cdots,\boldsymbol{\alpha}_m)$,根据向量组的秩的定义有

$$R(\boldsymbol{\alpha}_1,\boldsymbol{\alpha}_2,\cdots,\boldsymbol{\alpha}_m)=R(\boldsymbol{A}).$$

由此可知,下面的定理成立.

定理 3-4-5 向量组 $\boldsymbol{\beta}_1,\boldsymbol{\beta}_2,\cdots,\boldsymbol{\beta}_l$ 能由向量组 $\boldsymbol{\alpha}_1,\boldsymbol{\alpha}_2,\cdots,\boldsymbol{\alpha}_m$ 线性表示的充要条件是

$$R(\boldsymbol{\alpha}_1,\boldsymbol{\alpha}_2,\cdots,\boldsymbol{\alpha}_m)=R(\boldsymbol{\alpha}_1,\boldsymbol{\alpha}_2,\cdots,\boldsymbol{\alpha}_m,\boldsymbol{\beta}_1,\cdots,\boldsymbol{\beta}_l).$$

这里记号 $R(\boldsymbol{\alpha}_1,\boldsymbol{\alpha}_2,\cdots,\boldsymbol{\alpha}_m)$既可理解为矩阵的秩,也可理解为向量组的秩.

定理 3-4-6 若向量组 $\boldsymbol{B}$ 能由向量组 $\boldsymbol{A}$ 线性表示,则 $R(\boldsymbol{B})=R(\boldsymbol{A})$.

证明 设 $R(\boldsymbol{A})=s,R(\boldsymbol{B})=t$,并设向量组 $\boldsymbol{A}$ 和 $\boldsymbol{B}$ 的最大无关组依次为

$$\boldsymbol{A}_0:\boldsymbol{\alpha}_1,\boldsymbol{\alpha}_2,\cdots,\boldsymbol{\alpha}_s \text{ 和 } \boldsymbol{B}_0:\boldsymbol{\beta}_1,\boldsymbol{\beta}_2,\cdots,\boldsymbol{\beta}_t,$$

由于向量组 $\boldsymbol{B}_0$ 能由向量组 $\boldsymbol{B}$ 表示,向量组 $\boldsymbol{B}$ 能由向量组 $\boldsymbol{A}$ 表示,向量组 $\boldsymbol{A}$ 能由向量组 $\boldsymbol{A}_0$ 表示,因此向量组 $\boldsymbol{B}_0$ 能由向量组 $\boldsymbol{A}_0$ 表示,根据方程组有解时系数矩阵的秩与增广矩阵的秩之间的关系,有

$$R(\boldsymbol{\beta}_1,\boldsymbol{\beta}_2,\cdots,\boldsymbol{\beta}_t)\leqslant R(\boldsymbol{\alpha}_1,\boldsymbol{\alpha}_2,\cdots,\boldsymbol{\alpha}_s),$$

即 $t\leqslant s$.

习题 3.4

1. 填空题

(1)已知 $\boldsymbol{\alpha}_1=(1,-1,1),\boldsymbol{\alpha}_2=(2,3,1),\boldsymbol{\alpha}_3=(3,2,2)$,则向量组 $\boldsymbol{\alpha}_1,\boldsymbol{\alpha}_2,\boldsymbol{\alpha}_3$ 的秩为________,它的一个最大线性无关组是________.

(2)已知向量组 $\boldsymbol{\alpha}_1=(1,2,-1,1),\boldsymbol{\alpha}_2=(2,0,k,0),\boldsymbol{\alpha}_3=(0,-4,5,-2)$的秩为 2,则 $k=$________.

2. 求下列向量组的一个最大线性无关组，并把不在最大线性无关组中的向量用最大线性无关组线性表示.

(1)$\boldsymbol{\alpha}_1=(1,-1,0,4)$，$\boldsymbol{\alpha}_2=(2,1,5,6)$，$\boldsymbol{\alpha}_3=(1,-1,-2,0)$，$\boldsymbol{\alpha}_4=(3,0,7,14)$.

(2)$\begin{bmatrix}1&1&2&2&1\\0&2&1&5&-1\\2&0&3&-1&3\\1&1&0&4&-1\end{bmatrix}$中的列向量组.

3. 设$\boldsymbol{\beta}_1=\boldsymbol{\alpha}_2+\boldsymbol{\alpha}_3+\cdots+\boldsymbol{\alpha}_m$，$\boldsymbol{\beta}_2=\boldsymbol{\alpha}_1+\boldsymbol{\alpha}_3+\cdots+\boldsymbol{\alpha}_m$，$\cdots$，$\boldsymbol{\beta}_m=\boldsymbol{\alpha}_1+\boldsymbol{\alpha}_2+\cdots+\boldsymbol{\alpha}_{m-1}$，试证$\boldsymbol{\beta}_1,\boldsymbol{\beta}_2,\cdots,\boldsymbol{\beta}_m$与$\boldsymbol{\alpha}_1,\boldsymbol{\alpha}_2,\cdots,\boldsymbol{\alpha}_m$有相同的秩.

3.5 向量空间

3.5.1 向量空间与子空间

定义 3-5-1　设$\mathbf{V}$为n维向量的集合，如果集合$\mathbf{V}$非空，且集合$\mathbf{V}$对于向量的线性运算封闭，即

如果$\boldsymbol{\alpha}\in\mathbf{V}$，$\boldsymbol{\beta}\in\mathbf{V}$，则$\boldsymbol{\alpha}+\boldsymbol{\beta}\in\mathbf{V}$；

如果$\boldsymbol{\alpha}\in\mathbf{V}$，则对于任意实数$k$，$k\boldsymbol{\alpha}\in\mathbf{V}$，则称$\mathbf{V}$为向量空间.

例如，在$\boldsymbol{R}^n$中，任意两个n维向量的和仍为n维向量；数k乘任一n维向量仍为n维向量. 即$\boldsymbol{R}^n$对于向量的线性运算是封闭的. 所以，$\boldsymbol{R}^n$构成一个向量空间.

特别地，当$n=1$时，$\boldsymbol{R}^1$为一维向量空间，就简记为$\mathbf{R}$，它表示实数轴. 一维向量(即实数)就表示数轴上的一点a或表示以原点为起点到点a的有向线段(向量).

当$n=2$时，$\boldsymbol{R}^2$表示二维向量空间. 二维向量$(a,b)^{\mathrm{T}}$表示坐标平面上的一个点，或表示以原点为起点，$(a,b)^{\mathrm{T}}$为终点的有向线段(向量).

在三维向量空间$\boldsymbol{R}^3$中，三维向量有类似的几何意义.

当$n>3$时，n维向量空间$\boldsymbol{R}^n$的向量没有直观的几何意义，但与$\boldsymbol{R}^2$或$\boldsymbol{R}^3$中的向量及向量的运算具有相同的代数性质.

仅含n维零向量的集合是一个向量空间，称为零空间.

设矩阵$\mathbf{A}=(a_{ij})_{m\times n}$. 齐次线性方程组的解集

$$\mathbf{S}=\{x\mid \mathbf{A}x=\mathbf{0}\}$$

是一个向量空间.事实上,根据齐次线性方程组的性质,可直接得到这一结论.一般,称 $\boldsymbol{S}$ 为齐次线性方程组 $\boldsymbol{Ax}=\boldsymbol{0}$ 的解空间.

然而,非齐次线性方程组的解集

$$\boldsymbol{S}_1=\{\boldsymbol{x}\mid\boldsymbol{Ax}=\boldsymbol{b},\boldsymbol{b}\neq0\}$$

却不是向量空间.事实上,当 $\boldsymbol{S}_1\neq\varnothing$ 时,对于 $\boldsymbol{\eta}_1\in\boldsymbol{S}_1,\boldsymbol{\eta}_2\in\boldsymbol{S}_1$,有

$$\boldsymbol{A}(\boldsymbol{\eta}_1+\boldsymbol{\eta}_2)=\boldsymbol{b}+\boldsymbol{b}=2\boldsymbol{b}\neq\boldsymbol{b}$$

可知 $\boldsymbol{\eta}_1+\boldsymbol{\eta}_2\notin\boldsymbol{S}_1$,故 $\boldsymbol{S}_1$ 不是向量空间.

定义 3-5-2 设有向量空间 $\boldsymbol{V}_1$ 和 $\boldsymbol{V}_2$,如果 $\boldsymbol{V}_1\subset\boldsymbol{V}_2$,则称 $\boldsymbol{V}_1$ 是 $\boldsymbol{V}_2$ 的子空间.

例如,零空间是 $\boldsymbol{R}^n$ 的一个子空间;齐次线性方程组的解空间 $\boldsymbol{S}$ 是 $\boldsymbol{R}^n$ 的子空间.

3.5.2 向量空间的基与维数

定义 3-5-3 设 $\boldsymbol{V}$ 为向量空间,如果向量 $\boldsymbol{\alpha}_1,\boldsymbol{\alpha}_2,\cdots,\boldsymbol{\alpha}_r\in\boldsymbol{V}$,且满足

(1)$\boldsymbol{\alpha}_1,\boldsymbol{\alpha}_2,\cdots,\boldsymbol{\alpha}_r$ 线性无关;

(2)对于任意的 $\boldsymbol{\alpha}\in\boldsymbol{V}$,$\boldsymbol{\alpha}$ 可由 $\boldsymbol{\alpha}_1,\boldsymbol{\alpha}_2,\cdots,\boldsymbol{\alpha}_r$ 线性表示,则称向量组 $\boldsymbol{\alpha}_1,\boldsymbol{\alpha}_2,\cdots,\boldsymbol{\alpha}_r$ 为向量空间 $\boldsymbol{V}$ 的一个基.r 称为向量空间的维数,记作 $\dim\boldsymbol{V}=r$.并称 $\boldsymbol{V}$ 为 r 维向量空间.

零空间没有基,其维数为零.

在 $\boldsymbol{R}^n$ 中,初始单位向量 $\boldsymbol{\varepsilon}_1=(1,0,\cdots,0)^{\mathrm{T}},\boldsymbol{\varepsilon}_2=(0,1,\cdots,0)^{\mathrm{T}},\cdots,\boldsymbol{\varepsilon}_n=(0,0,\cdots,1)^{\mathrm{T}}$,线性无关,并且,对任一 $\boldsymbol{\alpha}=(\boldsymbol{\alpha}_1,\boldsymbol{\alpha}_2,\cdots,\boldsymbol{\alpha}_n)^{\mathrm{T}}\in\boldsymbol{R}^n$,有

$$\boldsymbol{\alpha}=\boldsymbol{\alpha}_1\boldsymbol{\varepsilon}_1+\boldsymbol{\alpha}_2\boldsymbol{\varepsilon}_2+\cdots+\boldsymbol{\alpha}_n\boldsymbol{\varepsilon}_n$$

所以,向量组 $\boldsymbol{\varepsilon}_1,\boldsymbol{\varepsilon}_2,\cdots,\boldsymbol{\varepsilon}_n$ 是向量空间 $\boldsymbol{R}^n$ 的一个基,一般称为 $\boldsymbol{R}^n$ 的自然基.而 $\dim\boldsymbol{R}^n=n$.

由于 $\boldsymbol{R}^n$ 中任意 $n+1$ 个 n 维向量一定线性相关,所以,$\boldsymbol{R}^n$ 中任意 n 个线性无关的 n 维向量 $\boldsymbol{\alpha}_1,\boldsymbol{\alpha}_2,\cdots,\boldsymbol{\alpha}_n$ 都可以作为 $\boldsymbol{R}^n$ 的一个基.

定义 3-5-4 设向量空间 $\boldsymbol{V}$ 的一个基为 $\boldsymbol{\alpha}_1,\boldsymbol{\alpha}_2,\cdots,\boldsymbol{\alpha}_r$,对任一向量 $\boldsymbol{\alpha}\in\boldsymbol{V}$,$\boldsymbol{\alpha}$ 可由 $\boldsymbol{\alpha}_1,\boldsymbol{\alpha}_2,\cdots,\boldsymbol{\alpha}_r$ 唯一地线性表示

$$\boldsymbol{\alpha}=a_1\boldsymbol{\alpha}_1+a_2\boldsymbol{\alpha}_2+\cdots+a_r\boldsymbol{\alpha}_r$$

则数 $a_1,a_2,\cdots,a_r$ 称为向量 $\boldsymbol{\alpha}$ 在基 $\boldsymbol{\alpha}_1,\boldsymbol{\alpha}_2,\cdots,\boldsymbol{\alpha}_r$ 下的坐标.

【例 3-5-1】 设向量 $\boldsymbol{\alpha}_1=(1,-3,4)^{\mathrm{T}},\boldsymbol{\alpha}_2=(-1,-1,1)^{\mathrm{T}},\boldsymbol{\alpha}_3=(2,-2,5)^{\mathrm{T}}$,集合

$$\boldsymbol{L}=\{\boldsymbol{x}\mid\boldsymbol{x}=\lambda_1\boldsymbol{\alpha}_1+\lambda_2\boldsymbol{\alpha}_2+\lambda_3\boldsymbol{\alpha}_3,\lambda_1,\lambda_2,\lambda_3\in\mathbf{R}\}$$

(1)验证 $\boldsymbol{L}$ 是一个向量空间;

(2)求向量空间 $\boldsymbol{L}$ 的一个基,并求向量 $\boldsymbol{\beta}=(1,3,-1)^{\mathrm{T}}$ 在该基下的坐标.

解 (1)设 $\boldsymbol{x}_1\in\boldsymbol{L}$，$\boldsymbol{x}_2\in\boldsymbol{L}$，则有数 $\lambda_i\in\mathbf{R}(i=1,2,3)$ 和 $\mu_j\in\mathbf{R}(j=1,2,3)$，使得

$$\boldsymbol{x}_1=\lambda_1\boldsymbol{\alpha}_1+\lambda_2\boldsymbol{\alpha}_2+\lambda_3\boldsymbol{\alpha}_3,\boldsymbol{x}_2=\mu_1\boldsymbol{\alpha}_1+\mu_2\boldsymbol{\alpha}_2+\mu_3\boldsymbol{\alpha}_3,$$

则

$$\boldsymbol{x}_1+\boldsymbol{x}_2=(\lambda_1+\mu_1)\boldsymbol{\alpha}_1+(\lambda_2+\mu_2)\boldsymbol{\alpha}_2+(\lambda_3+\mu_3)\boldsymbol{\alpha}_3\in\boldsymbol{L}$$

对于任意的实数 $k\in\mathbf{R}$，有

$$k\boldsymbol{x}_1=(k\lambda_1)\boldsymbol{\alpha}_1+(k\lambda_2)\boldsymbol{\alpha}_2+(k\lambda_3)\boldsymbol{\alpha}_3\in\boldsymbol{L}$$

即集合 $\boldsymbol{L}$ 对于向量的运算是封闭的. 所以 $\boldsymbol{L}$ 是一个向量空间.

(2)设矩阵 $\boldsymbol{A}=(\boldsymbol{\alpha}_1,\boldsymbol{\alpha}_2,\boldsymbol{\alpha}_3,\boldsymbol{\beta})$，对 $\boldsymbol{A}$ 施以初等行变换，化为简化的阶梯形矩阵：

$$\boldsymbol{A}=(\boldsymbol{\alpha}_1,\boldsymbol{\alpha}_2,\boldsymbol{\alpha}_3,\boldsymbol{\beta})=\begin{bmatrix}1&-1&2&1\\-3&-1&-2&3\\4&1&5&-1\end{bmatrix}\xrightarrow{r}\begin{bmatrix}1&0&0&-\frac{7}{4}\\0&1&0&-\frac{1}{4}\\0&0&1&\frac{5}{4}\end{bmatrix}$$

由此可知，$\boldsymbol{\alpha}_1,\boldsymbol{\alpha}_2,\boldsymbol{\alpha}_3$ 是向量空间 $\boldsymbol{L}$ 的一个基，$\dim\boldsymbol{L}=3$，又 $\boldsymbol{\beta}=-\frac{7}{4}\boldsymbol{\alpha}_1-\frac{1}{4}\boldsymbol{\alpha}_2+\frac{5}{4}\boldsymbol{\alpha}_3$，向量 $\boldsymbol{\beta}$ 在基 $\boldsymbol{\alpha}_1,\boldsymbol{\alpha}_2,\boldsymbol{\alpha}_3$ 下的坐标为 $\left(-\frac{7}{4},-\frac{1}{4},\frac{5}{4}\right)^{\mathrm{T}}$.

一般地，由向量组 $\boldsymbol{\alpha}_1,\boldsymbol{\alpha}_2,\cdots,\boldsymbol{\alpha}_s$ 所生成的向量空间记为

$$\boldsymbol{L}(\boldsymbol{\alpha}_1,\boldsymbol{\alpha}_2,\cdots,\boldsymbol{\alpha}_s)=\{\boldsymbol{x}\mid\boldsymbol{x}=\lambda_1\boldsymbol{\alpha}_1+\lambda_2\boldsymbol{\alpha}_2+\cdots+\lambda_s\boldsymbol{\alpha}_s,\lambda_i\in\mathbf{R},1\leqslant i\leqslant s\}$$

向量组 $\boldsymbol{\alpha}_1,\boldsymbol{\alpha}_2,\cdots,\boldsymbol{\alpha}_s$ 的一个极大线性无关组 $\boldsymbol{\alpha}_{i1},\boldsymbol{\alpha}_{i2},\cdots,\boldsymbol{\alpha}_{is}$ 就是向量空间 $\boldsymbol{L}$ 的一个基，其维数就是向量组 $\boldsymbol{\alpha}_1,\boldsymbol{\alpha}_2,\cdots,\boldsymbol{\alpha}_s$ 的秩. 对任一向量 $\boldsymbol{\alpha}\in\boldsymbol{L}$，$\boldsymbol{\alpha}$ 由基 $\boldsymbol{\alpha}_{i1},\boldsymbol{\alpha}_{i2},\cdots,\boldsymbol{\alpha}_{is}$ 线性表示的系数，就是向量 $\boldsymbol{\alpha}$ 关于基 $\boldsymbol{\alpha}_{i1},\boldsymbol{\alpha}_{i2},\cdots,\boldsymbol{\alpha}_{is}$ 的坐标.

【例 3-5-2】 设矩阵 $\boldsymbol{A}=(a_{ij})_{m\times n}$，在前面的例题中已经知道齐次线性方程组 $\boldsymbol{Ax}=\boldsymbol{0}$ 的解空间为

$$\boldsymbol{S}=\{\boldsymbol{x}\mid\boldsymbol{Ax}=\boldsymbol{0}\}$$

当矩阵 $\boldsymbol{A}$ 的秩 $R(\boldsymbol{A})=r(0<r<n)$ 时，方程组 $\boldsymbol{Ax}=\boldsymbol{0}$ 的一个基础解系 $\boldsymbol{\xi}_1,\boldsymbol{\xi}_2,\cdots,\boldsymbol{\xi}_{n-r}$ 就是解空间 $\boldsymbol{S}$ 的一个基，而解空间 $\boldsymbol{S}$ 的维数 $\dim\boldsymbol{S}=n-r$.

习题 3.5

1. 填空题

(1)已知 $\boldsymbol{V}=\{(x_1,x_2,x_3)\mid x_1+x_2=a,x_2,x_3\in\mathbf{R}\}$ 是向量空间，则常数

$a=$________.

(2)已知 $\boldsymbol{\alpha}_1=(1,0,0)$，$\boldsymbol{\alpha}_2=(0,4,0)$，$\boldsymbol{\alpha}_3=(2,3,0)$，$\boldsymbol{L}=\{\lambda_1\boldsymbol{\alpha}_1+\lambda_2\boldsymbol{\alpha}_2+\lambda_3\boldsymbol{\alpha}_3 \mid \lambda_1,\lambda_2,\lambda_3\in\mathbf{R}\}$，则向量空间 $\boldsymbol{L}$ 的维数为________.

(3) 齐次线性方程组 $\begin{cases}2x_1+x_2-x_3+x_4-3x_5=0,\\ x_1+x_2-x_3+x_5=0\end{cases}$ 的解空间 $\boldsymbol{S}$ 的一个基为________，$\boldsymbol{S}$ 的维数为________.

2. 在 $\boldsymbol{R}^3$ 中，设 $\boldsymbol{L}_1$ 和 $\boldsymbol{L}_2$ 分别由 $\boldsymbol{\alpha}_1=(1,1,1)$、$\boldsymbol{\alpha}_2=(2,3,4)$、$\boldsymbol{\alpha}_3=(5,7,9)$ 和 $\boldsymbol{\beta}_1=(3,4,5)$、$\boldsymbol{\beta}_2=(0,1,2)$ 生成的子空间，$\boldsymbol{L}_1=\boldsymbol{L}(\boldsymbol{\alpha}_1,\boldsymbol{\alpha}_2,\boldsymbol{\alpha}_3)$，$\boldsymbol{L}_2=\boldsymbol{L}(\boldsymbol{\beta}_1,\boldsymbol{\beta}_2)$.

(1)证明 $\boldsymbol{L}_1=\boldsymbol{L}_2$，

(2)求 $\boldsymbol{L}_1$ 的维数.

3. 证明　$\boldsymbol{\alpha}_1=(1,-1,0)^{\mathrm{T}}$，$\boldsymbol{\alpha}_2=(2,1,3)^{\mathrm{T}}$，$\boldsymbol{\alpha}_3=(3,1,2)^{\mathrm{T}}$ 是 $\boldsymbol{R}^3$ 的一个基，并将 $\boldsymbol{\beta}_1=(5,0,7)^{\mathrm{T}}$ 和 $\boldsymbol{\beta}_2=(-9,-8,-13)^{\mathrm{T}}$ 用这个基线性表示.

3.6 线性方程组解的结构

3.6.1 齐次线性方程组解的结构

设有齐次线性方程组

$$\begin{cases}a_{11}x_1+a_{12}x_2+\cdots+a_{1n}x_n=0,\\ a_{21}x_1+a_{22}x_2+\cdots+a_{2n}x_n=0,\\ \cdots\cdots\\ a_{m1}x_1+a_{m2}x_2+\cdots+a_{mn}x_n=0,\end{cases}\tag{3-6-1}$$

记

$$\boldsymbol{A}=\begin{pmatrix}a_{11}&a_{12}&\cdots&a_{1n}\\ a_{21}&a_{22}&\cdots&a_{2n}\\ \vdots&\vdots&&\vdots\\ a_{m1}&a_{m2}&\cdots&a_{mn}\end{pmatrix},X=\begin{pmatrix}x_1\\ x_2\\ \vdots\\ x_n\end{pmatrix},$$

则齐次线性方程组(3-6-1)可写成向量方程

$$\boldsymbol{AX}=\boldsymbol{0}\tag{3-6-2}$$

关于齐次线性方程组的解，我们已经得到如下结论：

(1)$AX=0$ 只有唯一零解的充要条件为 $R(A)=n$；

(2)$AX=0$ 有非零解的充要条件为 $R(A)<n$；

(3)当 $R(A)=r$ 时，方程组 $AX=0$ 有 $n-r$ 个自由元.

下面讨论向量方程(3-6-2)的解的性质.

性质 3-6-1 若 $\boldsymbol{\alpha}_1$ 和 $\boldsymbol{\alpha}_2$ 为向量方程(3-6-2)的解，则 $\boldsymbol{\alpha}_1+\boldsymbol{\alpha}_2$ 也是向量方程(3-6-2)的解.

证明 由条件知 $A\boldsymbol{\alpha}_1=\mathbf{0}$ 和 $A\boldsymbol{\alpha}_2=\mathbf{0}$，所以

$$A(\boldsymbol{\alpha}_1+\boldsymbol{\alpha}_2)=A\boldsymbol{\alpha}_1+A\boldsymbol{\alpha}_2=\mathbf{0}.$$

性质 3-6-2 若 $\boldsymbol{\alpha}$ 为向量方程(3-6-2)的解，则对于任意实数 k，$k\boldsymbol{\alpha}$ 也是向量方程(3-6-2)的解.

证明 由条件知 $A\boldsymbol{\alpha}=\mathbf{0}$，所以

$$A(k\boldsymbol{\alpha})=kA\boldsymbol{\alpha}=k\mathbf{0}=\mathbf{0}.$$

由上述两个性质我们有如下定理.

定理 3-6-1 向量方程(3-6-2)的所有解向量构成一个 $\boldsymbol{R}^n$ 中的向量子空间，称之为向量方程(3-6-2)的解空间.

由上一节可知向量空间的一组基的线性组合是向量空间的向量，向量空间中的任意一个向量都可以由基线性表示，因此研究向量空间，只需研究向量空间的基即可. 齐次线性方程组的解空间是向量子空间，因此若要掌握向量方程(3-6-2)所有的解，只需掌握解空间的一组基. 设 $\boldsymbol{\alpha}_1,\boldsymbol{\alpha}_2,\cdots,\boldsymbol{\alpha}_n$ 为向量方程(3-6-2)解空间的一组基，那么向量方程(3-6-2)的全部解为：

$$k_1\boldsymbol{\alpha}_1+k_2\boldsymbol{\alpha}_2+\cdots+k_n\boldsymbol{\alpha}_n$$

其中 $k_1,k_2,\cdots,k_n$ 为任意常数.

定义 3-6-1 向量方程(3-6-2)的解空间的基称为向量方程(3-6-2)的基础解系. 即满足下列两个条件的一组解向量称为向量方程(3-6-2)的**基础解系**.

(1)这一组解向量线性无关；

(2)向量方程(3-6-2)的任何一个解都可以用这组解向量线性表示.

向量方程 $AX=0$ 的解空间是多少维呢？由前面知识“当 $R(A)=r$ 时，向量方程 $AX=0$ 有 $n-r$ 个自由元”，由上一节求向量子空间的基的方法知，这时解空间的基共有 $n-r$ 个解向量，即解空间是 $n-r$ 维.

这样，向量方程(3-6-2)解的结构就很清楚了，我们把它补充为第 4 条结论，即

当 $R(A)=r<n$ 时，向量方程(3-6-2)的所有解向量构成 $\boldsymbol{R}^n$ 中的 $n-r$ 维向量子空

间. 它的每一个基础解系含有 $n-r$ 个解向量. 若 $\{\boldsymbol{\alpha}_1,\boldsymbol{\alpha}_2,\cdots,\boldsymbol{\alpha}_{n-r}\}$ 为基础解系,则

$$\boldsymbol{k}_1\boldsymbol{\alpha}_1+k_2\boldsymbol{\alpha}_2+\cdots+k_{n-r}\boldsymbol{\alpha}_{n-r} \tag{3-6-3}$$

即为 $\boldsymbol{AX}=\boldsymbol{0}$ 的全部解,其中 $k_1,k_2,\cdots,k_{n-r}$ 为任意常数. 形如式(3-6-3)的解称为 $\boldsymbol{AX}=\boldsymbol{0}$ 的通解.

下面给出求齐次线性方程组 $\boldsymbol{AX}=\boldsymbol{0}$ 解的步骤:

第一步　用初等行变换将系数矩阵 $\boldsymbol{A}$ 化为行最简形矩阵 $\boldsymbol{B}$;

第二步　写出齐次线性方程组的一般解. 设 $R(\boldsymbol{A})=r$,若 $r=n$,则方程组有唯一零解;若 $r<n$,则方程组有无穷多解. 此时把行最简形矩阵中的首非零元所在列对应的 r 个未知量划去,剩下 $n-r$ 个未知量作为自由元.

第三步　求基础解系. 分别令一个自由元为 1,其余自由元全为零,求得 $n-r$ 个解向量 $\boldsymbol{\alpha}_1,\boldsymbol{\alpha}_2,\cdots,\boldsymbol{\alpha}_{n-r}$,即为 $\boldsymbol{AX}=\boldsymbol{0}$ 的基础解系.

第四步　求齐次线性方程组 $\boldsymbol{AX}=\boldsymbol{0}$ 的通解. 通解为

$$\boldsymbol{X}=k_1\boldsymbol{\alpha}_1+k_2\boldsymbol{\alpha}_2+\cdots+k_{n-r}\boldsymbol{\alpha}_{n-r},$$

其中 $k_1,k_2,\cdots,k_{n-r}$ 为任意常数,$\boldsymbol{\alpha}_1,\boldsymbol{\alpha}_2,\cdots,\boldsymbol{\alpha}_{n-r}$ 是 $\boldsymbol{AX}=\boldsymbol{0}$ 的一个基础解系.

注意:由于 $n-r$ 个线性无关的解向量只要在保持其线性无关的条件下可以是任意的,因此基础解系并不唯一. 通常只需用上述方法求出一个基础解系即可.

【例 3-6-1】　求齐次线性方程组

$$\begin{cases} x_1-3x_2+x_3-2x_4=0 \\ -5x_1+x_2-2x_3+3x_4=0 \\ -x_1-11x_2+2x_3-5x_4=0 \\ 3x_1+5x_2+x_4=0 \end{cases}$$

的基础解系和通解.

解　第一步　用初等行变换将系数矩阵 $\boldsymbol{A}$ 化为行最简形矩阵 $\boldsymbol{B}$

$$\boldsymbol{A}=\begin{bmatrix} 1 & -3 & 1 & -2 \\ -5 & 1 & -2 & 3 \\ -1 & -11 & 2 & -5 \\ 3 & 5 & 0 & 1 \end{bmatrix} \xrightarrow[r_4+(-3)r_1]{\substack{r_2+5r_1 \\ r_3+r_1}} \begin{bmatrix} 1 & -3 & 1 & -2 \\ 0 & -14 & 3 & -7 \\ 0 & -14 & 3 & -7 \\ 0 & 14 & -3 & 7 \end{bmatrix}$$

$$\xrightarrow{\substack{r_3+(-1)r_2 \\ r_4+r_2}} \begin{bmatrix} 1 & -3 & 1 & -2 \\ 0 & -14 & 3 & -7 \\ 0 & 0 & 0 & 0 \\ 0 & 0 & 0 & 0 \end{bmatrix} \xrightarrow{\left(-\frac{1}{14}\right)r_2} \begin{bmatrix} 1 & -3 & 1 & -2 \\ 0 & 1 & \frac{-3}{14} & \frac{1}{2} \\ 0 & 0 & 0 & 0 \\ 0 & 0 & 0 & 0 \end{bmatrix}$$

$$\xrightarrow{r_1+3r_2}\begin{bmatrix}1 & 0 & \frac{5}{14} & \frac{-1}{2}\\ 0 & 1 & \frac{-3}{14} & \frac{1}{2}\\ 0 & 0 & 0 & 0\\ 0 & 0 & 0 & 0\end{bmatrix}=\boldsymbol{B}$$

第二步　写出齐次线性方程组的一般解.

由于 $R(\boldsymbol{A})=2<4=n$，故原方程组有非零解，$\boldsymbol{B}$ 对应的线性方程组为

$$\begin{cases}x_1+\frac{5}{14}x_3-\frac{1}{2}x_4=0\\ x_2-\frac{3}{14}x_3+\frac{1}{2}x_4=0\end{cases}$$

即

$$\begin{cases}x_1=-\frac{5}{14}x_3+\frac{1}{2}x_4\\ x_2=\frac{3}{14}x_3-\frac{1}{2}x_4\end{cases}$$

第三步　求基础解系

令 $\begin{pmatrix}x_3\\ x_4\end{pmatrix}=\begin{bmatrix}1\\ 0\end{bmatrix}$ 及 $\begin{bmatrix}0\\ 1\end{bmatrix}$，则对应有 $\begin{bmatrix}x_1\\ x_2\end{bmatrix}=\begin{bmatrix}-\frac{5}{14}\\ \frac{3}{14}\end{bmatrix}$ 及 $\begin{bmatrix}\frac{1}{2}\\ -\frac{1}{2}\end{bmatrix}$，即得基础解系

$$\boldsymbol{\alpha}_1=\begin{bmatrix}-\frac{5}{14}\\ \frac{3}{14}\\ 1\\ 0\end{bmatrix},\ \boldsymbol{\alpha}_2=\begin{bmatrix}\frac{1}{2}\\ -\frac{1}{2}\\ 0\\ 1\end{bmatrix}$$

第四步　原齐次线性方程组的通解为

$$\boldsymbol{X}=k_1\boldsymbol{\alpha}_1+k_2\boldsymbol{\alpha}_2$$

即

$$\begin{bmatrix}x_1\\x_2\\x_3\\x_4\end{bmatrix}=k_1\begin{bmatrix}-\frac{5}{14}\\\frac{3}{14}\\1\\0\end{bmatrix}+k_2\begin{bmatrix}\frac{1}{2}\\-\frac{1}{2}\\0\\1\end{bmatrix}\quad (k_1,k_2\text{ 为任意常数}).$$

3.6.2 非齐次线性方程组的解的结构

关于非齐次线性方程组

$$\boldsymbol{AX}=\boldsymbol{B} \tag{3-6-4}$$

($\boldsymbol{A}$ 为 $m\times n$ 矩阵)的解,将已得到的结论归纳如下:

(1)$\boldsymbol{AX}=\boldsymbol{B}$ 有解的充要条件为:$R(\boldsymbol{A},\boldsymbol{B})=R(\boldsymbol{A})$;

(2)若 $R(\boldsymbol{A},\boldsymbol{B})=R(\boldsymbol{A})=n$,$\boldsymbol{AX}=\boldsymbol{B}$ 有唯一解;

(3)若 $R(\boldsymbol{A},\boldsymbol{B})=R(\boldsymbol{A})=r<n$,$\boldsymbol{AX}=\boldsymbol{B}$ 有无穷多解;

下面讨论 若 $R(\boldsymbol{A},\boldsymbol{B})=R(\boldsymbol{A})=r<n$,线性方程组 $\boldsymbol{AX}=\boldsymbol{B}$ 有无穷多解的情形.

性质 3-6-3 若 $\boldsymbol{\alpha}_1,\boldsymbol{\alpha}_2$ 为 $\boldsymbol{AX}=\boldsymbol{B}$ 的解,则 $\boldsymbol{\alpha}_1-\boldsymbol{\alpha}_2$ 为 $\boldsymbol{AX}=\boldsymbol{0}$ 的解.

证明 因为 $\boldsymbol{\alpha}_1,\boldsymbol{\alpha}_2$ 为 $\boldsymbol{AX}=\boldsymbol{B}$ 的解,所以有 $\boldsymbol{A\alpha}_1=\boldsymbol{B}$,$\boldsymbol{A\alpha}_2=\boldsymbol{B}$,所以

$$\boldsymbol{A}(\boldsymbol{\alpha}_1-\boldsymbol{\alpha}_2)=\boldsymbol{A\alpha}_1-\boldsymbol{A\alpha}_2=\boldsymbol{B}-\boldsymbol{B}=\boldsymbol{0}.$$

性质 3-6-4 若 $\boldsymbol{\alpha}_0$ 为 $\boldsymbol{AX}=\boldsymbol{B}$ 的解,$\tilde{\boldsymbol{\alpha}}$ 为 $\boldsymbol{AX}=\boldsymbol{0}$ 的解,则 $\boldsymbol{\alpha}_0+\tilde{\boldsymbol{\alpha}}$ 为 $\boldsymbol{AX}=\boldsymbol{B}$ 的解.

证明 因为 $\boldsymbol{\alpha}_0$ 为 $\boldsymbol{AX}=\boldsymbol{B}$ 的解,所以有 $\boldsymbol{A\alpha}_0=\boldsymbol{B}$. 因 $\tilde{\boldsymbol{\alpha}}$ 为 $\boldsymbol{AX}=\boldsymbol{0}$ 的解,所以又有 $\boldsymbol{A}\tilde{\boldsymbol{\alpha}}=\boldsymbol{0}$,那么

$$\boldsymbol{A}(\boldsymbol{\alpha}_0+\tilde{\boldsymbol{\alpha}})=\boldsymbol{A\alpha}_0+\boldsymbol{A}\tilde{\boldsymbol{\alpha}}=\boldsymbol{B}+\boldsymbol{0}=\boldsymbol{B}.$$

由性质 3-6-3 可知,若已知方程组(3-6-4)的一个解 $\boldsymbol{\alpha}_0$,则方程组(3-6-4)的任一解总可以表示为

$$\boldsymbol{X}=\tilde{\boldsymbol{\alpha}}+\boldsymbol{\alpha}_0$$

其中 $\boldsymbol{X}=\tilde{\boldsymbol{\alpha}}$ 为方程组(3-6-4)所对应的齐次线性方程组 $\boldsymbol{AX}=\boldsymbol{0}$ 的解,又若 $\boldsymbol{AX}=\boldsymbol{0}$ 的通解为 $\boldsymbol{X}=k_1\boldsymbol{\alpha}_1+k_2\boldsymbol{\alpha}_2+\cdots+k_{n-r}\boldsymbol{\alpha}_{n-r}$,则方程组(3-6-4)的任一解总可以表示为

$$\boldsymbol{X}=\boldsymbol{\alpha}_0+k_1\boldsymbol{\alpha}_1+k_2\boldsymbol{\alpha}_2+\cdots+k_{n-r}\boldsymbol{\alpha}_{n-r}.$$

而由性质 3-6-4 可知,对任意常数 $k_1,\cdots,k_{n-r}$,上式总是方程组(3-6-4)的解. 于是方程组(3-6-4)的通解为

$$\boldsymbol{X}=\boldsymbol{\alpha}_0+k_1\boldsymbol{\alpha}_1+k_2\boldsymbol{\alpha}_2+\cdots+k_{n-r}\boldsymbol{\alpha}_{n-r}\quad (k_1,\cdots,k_{n-r}\text{ 为任意常数}).$$

其中 $\boldsymbol{\alpha}_1,\boldsymbol{\alpha}_2,\cdots,\boldsymbol{\alpha}_{n-r}$ 是方程组 $\boldsymbol{AX}=\boldsymbol{0}$ 的基础解系.

求非齐次线性方程组 $\boldsymbol{AX}=\boldsymbol{B}$(其中 $\boldsymbol{A}$ 为 $m\times n$ 矩阵)通解的一般步骤如下：

第一步　用初等行变换将增广矩阵$(\boldsymbol{A},\boldsymbol{B})$化为行最简形矩阵；

第二步　判别线性方程组是否有解？即当 $R(\boldsymbol{A},\boldsymbol{B})=R(\boldsymbol{A})=r$ 时，线性方程组有解，并把不在首非零元所在列对应的 $n-r$ 个未知量作为自由元；

第三步　求出非齐次线性方程组 $\boldsymbol{AX}=\boldsymbol{B}$ 的一个特解.一般令所有 $n-r$ 个自由未知元为零，就可以求得 $\boldsymbol{AX}=\boldsymbol{B}$ 的一个特解 $\boldsymbol{\alpha}_0$；

第四步　求出相应的齐次线性方程组 $\boldsymbol{AX}=\boldsymbol{0}$ 的基础解系.从行最简形矩阵中，不计增广矩阵的最后一列，一般地分别令一个自由元为 1，其余自由元为零，得到 $\boldsymbol{AX}=\boldsymbol{0}$ 的一个基础解系$\{\boldsymbol{\alpha}_1,\boldsymbol{\alpha}_2,\cdots,\boldsymbol{\alpha}_{n-r}\}$；

第五步　写出非齐次线性方程组 $\boldsymbol{AX}=\boldsymbol{B}$ 的通解.即：

$$\boldsymbol{X}=\boldsymbol{\alpha}_0+k_1\boldsymbol{\alpha}_1+k_2\boldsymbol{\alpha}_2+\cdots+k_{n-r}\boldsymbol{\alpha}_{n-r},\quad (k_1,\cdots,k_{n-r}\text{ 为任意常数}).$$

【例 3-6-2】　求线性方程组

$$\begin{cases}x_1-x_2-x_3+x_4=0\\ x_1-x_2+x_3-3x_4=1\\ x_1-x_2-2x_3+3x_4=-\dfrac{1}{2}\end{cases}.$$

解　第一步　对增广矩阵$(\boldsymbol{A}\mid\boldsymbol{B})$施行初等行变换：

$$(\boldsymbol{A}\mid\boldsymbol{B})=\begin{bmatrix}1&-1&-1&1&0\\1&-1&1&-3&1\\1&-1&-2&3&-\dfrac{1}{2}\end{bmatrix}\xrightarrow[r_3+(-1)r_1]{r_2+(-1)r_1}\begin{bmatrix}1&-1&-1&1&0\\0&0&2&-4&1\\0&0&-1&2&-\dfrac{1}{2}\end{bmatrix}$$

$$\xrightarrow[r_2\leftrightarrow r_3]{r_2+2r_3}\begin{bmatrix}1&-1&0&-1&\dfrac{1}{2}\\0&0&1&-2&\dfrac{1}{2}\\0&0&0&0&0\end{bmatrix}$$

第二步　判别线性方程组是否有解.

由于 $R(\boldsymbol{A})=R(\boldsymbol{A},\boldsymbol{B})=2<4=n$，故方程组有无穷多解，取 x_2,x_4 为自由元，行最简形矩阵对应的方程组为

$$\begin{cases}x_1-x_2-x_4=\dfrac{1}{2}\\ x_3-2x_4=\dfrac{1}{2}\end{cases}$$

即

$$\begin{cases}x_1=x_2+x_4+\dfrac{1}{2}\\x_3=2x_4+\dfrac{1}{2}\end{cases} \tag{3-6-5}$$

第三步 求出非齐次线性方程组 $\boldsymbol{AX}=\boldsymbol{B}$ 的一个特解 $\boldsymbol{\alpha}_0$. 取 $x_2=x_4=0$,则 $x_1=x_3=\dfrac{1}{2}$,得到一个特解

$$\boldsymbol{\alpha}_0=\begin{bmatrix}\dfrac{1}{2}\\0\\\dfrac{1}{2}\\0\end{bmatrix},$$

第四步 求出相应的齐次线性方程组 $\boldsymbol{AX}=\boldsymbol{0}$ 的基础解系.

从行最简形矩阵所对应的方程组中去掉常数项,可得相应的齐次线性方程组为

$$\begin{cases}x_1-x_2-x_4=0\\x_3-2x_4=0\end{cases}$$

或者从式(3-6-5)中去掉常数项可得

$$\begin{cases}x_1=x_2+x_4\\x_3=2x_4\end{cases}$$

取 $\begin{bmatrix}x_2\\x_4\end{bmatrix}=\begin{bmatrix}1\\0\end{bmatrix}$ 及 $\begin{bmatrix}0\\1\end{bmatrix}$,则 $\begin{bmatrix}x_1\\x_3\end{bmatrix}=\begin{bmatrix}1\\0\end{bmatrix}$ 及 $\begin{bmatrix}1\\2\end{bmatrix}$,

即得对应的齐次线性方程组的基础解系

$$\boldsymbol{\alpha}_1=\begin{bmatrix}1\\1\\0\\0\end{bmatrix},\boldsymbol{\alpha}_2=\begin{bmatrix}1\\0\\2\\1\end{bmatrix},$$

于是所求通解为

$$\begin{bmatrix}x_1\\x_2\\x_3\\x_4\end{bmatrix}=k_1\begin{bmatrix}1\\1\\0\\0\end{bmatrix}+k_2\begin{bmatrix}1\\0\\2\\1\end{bmatrix}+\begin{bmatrix}\frac{1}{2}\\0\\\frac{1}{2}\\0\end{bmatrix}\quad(k_1,k_2\text{ 为任意常数}).$$

习题 3.6

1.求下列齐次线性方程组的基础解系和通解.

(1)$\begin{cases}x_1-8x_2+10x_3+2x_4=0\\2x_1+4x_2+5x_3-x_4=0\\3x_1+8x_2+6x_3-2x_4=0\end{cases}$；(2)$\begin{cases}2x_1-3x_2-2x_3+x_4=0\\3x_1+5x_2+4x_3-2x_4=0\\8x_1+7x_2+6x_3-3x_4=0\end{cases}$.

2.求下列非齐次线性方程组的通解.

(1)$\begin{cases}x_1+x_2=5\\2x_1+x_2+x_3+2x_4=1\\5x_1+3x_2+2x_3+2x_4=3\end{cases}$；(2)$\begin{cases}x_1-5x_2+2x_3-3x_4=11\\5x_1+3x_2+6x_3-x_4=-1\\2x_1+4x_2+2x_3+x_4=-6\end{cases}$.

3.7 线性方程组的应用

3.7.1 工资问题

【例 3-7-1】 现有 1 个木工,1 个电工和 1 个油漆工,3 个人同意彼此装修他们的房子.在装修之前,他们达成了如下协议:

(1)每人总共工作 10 天(包括给自己家干活在内);

(2)每人的日工资据一般的市价在 60～80 元;

(3)每人的日工资数应使得每人的总收入与总支出相等.

他们协商后制订出的工作天数的分配方案见下表,如何计算出他们每人应得的日工资?

天数＼工种	木工	电工	油漆工
在木工家的工作天数	2	1	6
在电工家的工作天数	4	5	1
在油漆工家的工作天数	4	4	3

解　设 x_1,x_2,x_3 分别表示木工、电工、油漆工的日工资.木工的 10 个工作日总收入为 $10x_1$,木工、电工、油漆工 3 人在木工家工作的天数分别为:2 天、1 天、6 天,则木工的总支出为 $2x_1+x_2+6x_3$.由于木工总支出与总收入相等,于是木工的收支平衡关系可描述为

$$2x_1+x_2+6x_3=10x_1.$$

类似地,可以分别建立描述电工、油漆工的收支平衡关系的 2 个等式

$$4x_1+5x_2+x_3=10x_2,4x_1+4x_2+3x_3=10x_3.$$

联立得线性方程组为

$$\begin{cases}2x_1+x_2+6x_3=10x_1\\4x_1+5x_2+x_3=10x_2\\4x_1+4x_2+3x_3=10x_3\end{cases}.$$

整理的 3 个人的日工资应满足的齐次线性方程组为

$$\begin{cases}-8x_1+x_2+6x_3=0\\4x_1-5x_2+x_3=0\\4x_1+4x_2-7x_3=0\end{cases}.$$

通解为

$$\boldsymbol{X}=\begin{bmatrix}x_1\\x_2\\x_3\end{bmatrix}=k\begin{bmatrix}\frac{31}{36}\\\frac{8}{9}\\1\end{bmatrix},$$

其中 k 为任意常数.最后,由于每个人的日工资在 60～80 元,故选择 $k=72$,已确定木工、电工、油漆工每人的日工资为 $x_1=62,x_2=64,x_3=72$.

3.7.2　交通流量问题

【例 3-7-2】　某城市部分单行街道的交通流量(每小时通过车数)如图 3-1 所示,假设

(1)全部流入网络的流量等于全部流出网络的流量;

(2)全部流入 1 个节点的流量等于全部流出此节点的流量.

建立数学模型确定图 3-1 所示交通网络未知部分的具体流量.

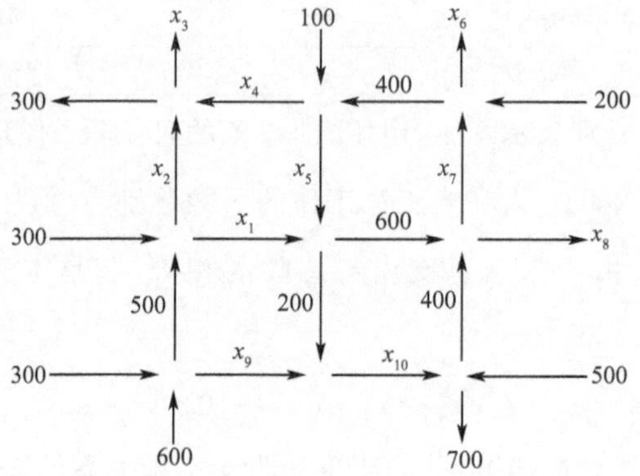

图 3-1

解　设流入为正,流出为负,由网络流量假设(1),从 x_3 开始,计算得

$$-x_3-300+300+300+600-700+500-x_8+200-x_6+100=0$$

整理有

$$x_3+x_6+x_8=1\ 000,$$

利用网络流量假设(2),计算节点,得

$$-x_3-300+x_2+x_4=0,$$

即

$$x_2-x_3+x_4=300.$$

类似地,计算节点 2 到节点 9,分别得 $x_1+x_2=800$,$x_9=400$,$x_4+x_5=500$,$x_1+x_5=800$,$x_9-x_{10}=-200$,$-x_6+x_7=200$,$x_7+x_8=1\ 000$,$x_{10}=600$. 则所给问题满足如下线性方程组

$$\begin{cases} x_3+x_6+x_8=1\ 000 \\ x_2-x_3+x_4=300 \\ x_1+x_2=800 \\ x_9=400 \\ x_4+x_5=500 \\ x_1+x_5=800 \\ x_9-x_{10}=-200 \\ -x_6+x_7=200 \\ x_7+x_8=1\ 000 \\ x_{10}=600 \end{cases}.$$

此方程组的通解为

$$X=\boldsymbol{\alpha}_0+k_1\boldsymbol{\alpha}_1+k_2\boldsymbol{\alpha}_2 \quad (k_1,k_2\text{ 为任意常数})$$

$$\boldsymbol{\alpha}_0=(800,0,200,500,0,800,1000,0,400,600)^T,$$

$$\boldsymbol{\alpha}_1=(-1,1,0,-1,1,0,0,0,0,0)^T$$

$$\boldsymbol{\alpha}_2=(0,0,0,0,0,-1,-1,1,0,0)^T$$

$\boldsymbol{X}$ 的每 1 个分量即为交通网络未知部分的具体流量，它有无穷多解.

习题 3.7

某城市对在法定工作年龄的人口进行就业情况统计时发现，目前有 80％的人有工作，其余 20％的人失业. 为了降低失业率，准备采取一系列措施提高就业率，估算以后每年大约在已就业的人中有 10％将失去工作，而失业人口中 60％将找到工作. 假设该市的工作适龄人口在若干年内保持不变，问 3 年后该市工作适龄人口的失业率是多少？

向量的由来

"向量"一词来自力学、解析几何中的有向线段. 它是一种带几何性质的量，除零向量外，总可以画出箭头表示方向. 但是在高等数学中还有更广泛的向量. 例如，把所有实系数多项式的全体看成一个多项式空间，这里的多项式都可看成一个向量. 在这种情况下，要找出起点和终点甚至画出箭头表示方向是办不到的. 这种空间中的向量比几何中的向量要广泛得多，它可以是任意数学对象或物理对象. 这样，就可以将线性代数方法应用到自然科学领域中了. 因此，向量空间概念，已成为数学中基本的概念和线性代数的中心内容. 而向量及其线性运算也为"向量空间"这一抽象的概念提供了一个具体模型.

从数学发展史来看，历史上很长一段时间，空间的向量结构并未被数学家们所认识，直到 19 世纪末 20 世纪初，人们才把空间的性质与向量运算联系起来，使向量成为具有一套优良运算通性的数学体系.

向量能够进入数学学科并得到发展，首先应从复数的几何表示谈起. 18 世纪末期，挪威测量学家威塞尔首次利用坐标平面上的点来表示复数 $a+bi$，并利用具有几何意义的复数运算来定义向量的运算. 把坐标平面上的点用向量表示出来，并把向量的几何表示用于研究几何问题与三角问题. 人们逐渐接受了复数，也学会了利用复数来表示和研究平面中的向量，向量就这样进入了数学学科.

但复数的利用是受限制的，因为它仅能用于表示平面，若有不在同一平面上的力作用于同一物体，则需要寻找所谓三维“复数”及相应的运算体系. 19 世纪中期，英国数学家汉密顿发明了四元数(包括数量部分和向量部分)，以代表空间的向量. 他的工作为向量代数和向量分析的建立奠定了基础. 随后，电磁理论的发现者，英国的科学家、物理学家麦克斯韦把四元数的数量部分和向量部分分开处理，从而创造了大量的向量分析.

三维向量分析的开创，以及同四元数的正式分裂，是英国的居伯斯和海维塞德于 19 世纪 80 年代各自独立完成的. 他们提出，一个向量不过是四元数的向量部分，但不独立于任何四个数. 他们引用了两种类型的乘法，即数量积和向量积，并把向量代数推广到变向量的向量微积分. 从此，向量的方法被引用到分析和解析几何中，并逐步完善，成为一套优良的教学工具.

线性方程组

线性方程组的解法，早在中国古代的数学著作《九章算术》中已做了比较完整的论述. 其中所述方法实质上相当于现代的对方程组的增广矩阵进行初等行变换从而消去未知量的方法，即高斯消元法. 在西方，线性方程组的研究是在 17 世纪后期由莱布尼茨开创的. 他曾研究含有两个未知量的三个线性方程组成的方程组. 麦克劳林在 18 世纪上半叶研究了具有二、三、四个未知量的线性方程组，得到了克拉默法则的结果. 克拉默不久也发表了这个法则. 18 世纪下半叶，法国数学家贝祖对线性方程组理论进行了一系列研究，证明了 n 元齐次线性方程组有非零解的条件是系数行列式等于零.

19 世纪，英国数学家史密斯和道奇森研究了线性方程组理论，前者引进了方程组的增广矩阵和非增广矩阵的概念，后者证明了 n 个未知数 n 个方程的方程组相容的充要条件是系数矩阵和增广矩阵的秩相同. 这正是现代方程组理论中的重要结果之一.

大量的科学技术问题，最终往往归结为解线性方程组. 因此，在线性方程组的数值解法得到发展的同时，线性方程组解的结构等理论性工作也取得了令人满意的进展. 线性方程组的数值解法在计算数学中占有重要地位.

总复习题 3

一、填空题

1. 矩阵 $\boldsymbol{A}=\begin{bmatrix}1 & 2 & 1\\2 & 1 & 3\\0 & -1 & 1\\3 & 1 & 2\end{bmatrix}$ 右乘 $\begin{bmatrix}1 & 0 & 0\\0 & 1 & 3\\0 & 0 & 1\end{bmatrix}$ 相当于________初等变换.

2. 设 $\boldsymbol{A}=\begin{bmatrix}1 & -2 & 3k\\-1 & 2k & -3\\k & -2 & 3\end{bmatrix}$，且 $R(\boldsymbol{A})=2$，则 $k=$________.

3. 线性方程组 $\begin{cases}2x_1-4x_2-x_3=4\\-x_1-2x_2-x_4=4\\3x_2+x_3+2x_4=1\\3x_1+x_2+3x_4=-3\end{cases}$ 的解的情况是________(用“无解”“有唯一解”“有无穷多解”填空).

4. 设矩阵 $\boldsymbol{A}=\begin{bmatrix}1 & 2 & 3\\2 & \lambda & 1\\-1 & 3 & 2\\-2 & 1 & -1\end{bmatrix}$，齐次线性方程组 $\boldsymbol{AX}=\boldsymbol{O}$ 有非零解，则 $\lambda=$________.

5. 设 $\boldsymbol{A}$ 为 $m\times n$ 矩阵，则方程 $\boldsymbol{AX}=\boldsymbol{E}_m$($\boldsymbol{E}_m$ 为 m 阶单位矩阵)有解的充分必要条件是 $R(\boldsymbol{A})$满足________.

6. 设 $\boldsymbol{\alpha}_1=(0,1,1)^{\mathrm{T}}$，$\boldsymbol{\alpha}_2=(1,-1,0)^{\mathrm{T}}$，$\boldsymbol{\alpha}_3=(0,1,-1)^{\mathrm{T}}$，则 $\boldsymbol{\alpha}_3$ ________(用“能”或“不能”填空)由 $\boldsymbol{\alpha}_1$ 与 $\boldsymbol{\alpha}_2$ 线性表示.

7. 设向量组 $\boldsymbol{\alpha}_1=(1,-1,2,4)^{\mathrm{T}}$，$\boldsymbol{\alpha}_2=(0,3,1,2)^{\mathrm{T}}$，$\boldsymbol{\alpha}_3=(3,0,7,14)^{\mathrm{T}}$，$\boldsymbol{\alpha}_4=(2,1,5,6)^{\mathrm{T}}$，$\boldsymbol{\alpha}_5=(1,-1,2,0)^{\mathrm{T}}$，则包含 $\boldsymbol{\alpha}_1$，$\boldsymbol{\alpha}_4$ 的极大无关组是________.

8. 设 $\boldsymbol{A}$ 为 3 阶方阵，$R(\boldsymbol{A})=2$，且非齐次线性方程组 $\boldsymbol{Ax}=\boldsymbol{b}$ 有解，则 $\boldsymbol{Ax}=\boldsymbol{b}$ 有________(用“唯一”或“无穷多个”填空)解，解向量组的秩是________.

二、选择题

1. 设 $\boldsymbol{A}=\begin{bmatrix}a_{11} & a_{12} & a_{13}\\a_{21} & a_{22} & a_{23}\\a_{31} & a_{32} & a_{33}\end{bmatrix}$，$\boldsymbol{B}=\begin{bmatrix}a_{13} & a_{12} & a_{11}+a_{12}\\a_{23} & a_{22} & a_{21}+a_{22}\\a_{33} & a_{32} & a_{31}+a_{32}\end{bmatrix}$，$\boldsymbol{P}=\begin{bmatrix}0 & 0 & 1\\0 & 1 & 0\\1 & 0 & 0\end{bmatrix}$，$\boldsymbol{Q}=$

$\begin{bmatrix}1&0&0\\0&1&1\\0&0&1\end{bmatrix}$,则必有(　　).

A. $\boldsymbol{B}=\boldsymbol{APQ}$　　B. $\boldsymbol{B}=\boldsymbol{AQP}$　　C. $\boldsymbol{A}=\boldsymbol{BPQ}$　　D. $\boldsymbol{A}=\boldsymbol{BQP}$

2. 已知线性方程组$\begin{cases}ax_1+x_2+x_3=4\\2x_1+x_2+2x_3=6\\3x_1+2x_2+3x_3=10\end{cases}$有无穷多解,则 $a=$(　　).

A. 1　　B. 2　　C. -1　　D. -2

3. 设 $\boldsymbol{A}$ 是 3×4 矩阵,$\boldsymbol{B}$ 是 4×3 矩阵,则下列结论正确的是(　　).

A. $\boldsymbol{ABx}=\boldsymbol{O}$ 必有非零解　　B. $\boldsymbol{ABx}=\boldsymbol{O}$ 只有零解

C. $\boldsymbol{BAx}=\boldsymbol{O}$ 必有非零解　　D. $\boldsymbol{BAx}=\boldsymbol{O}$ 只有零解

4. 向量组 $\boldsymbol{\alpha}_1=(1,2,2)^{\mathrm{T}}$,$\boldsymbol{\alpha}_2=(0,3,4)^{\mathrm{T}}$,$\boldsymbol{\alpha}_3=(0,0,1)^{\mathrm{T}}$,$\boldsymbol{\alpha}_4=(1,2,3)^{\mathrm{T}}$,$\boldsymbol{\alpha}_5=(4,0,5)^{\mathrm{T}}$,其秩为(　　).

A. 2　　B. 3　　C. 4　　D. 5

5. 设 $\boldsymbol{\alpha}_0$ 是非齐次线性方程组 $\boldsymbol{Ax}=\boldsymbol{b}$ 的一个解,$\boldsymbol{\alpha}_1,\cdots,\boldsymbol{\alpha}_r$ 是 $\boldsymbol{Ax}=\boldsymbol{0}$ 的基础解系,则以下成立的结论是(　　).

A. $\boldsymbol{\alpha}_0,\boldsymbol{\alpha}_1,\cdots,\boldsymbol{\alpha}_r$ 线性无关

B. $\boldsymbol{\alpha}_0,\boldsymbol{\alpha}_1,\cdots,\boldsymbol{\alpha}_r$ 线性相关

C. $\boldsymbol{\alpha}_0,\boldsymbol{\alpha}_1,\cdots,\boldsymbol{\alpha}_r$ 的任意线性组合都是 $\boldsymbol{Ax}=\boldsymbol{b}$ 的解

D. $\boldsymbol{\alpha}_0,\boldsymbol{\alpha}_1,\cdots,\boldsymbol{\alpha}_r$ 的任意线性组合都是 $\boldsymbol{Ax}=\boldsymbol{0}$ 的解

三、用初等变换法求解下列各题.

1. 设 $\boldsymbol{A}=\begin{bmatrix}2&2&3\\1&-1&0\\-1&2&1\end{bmatrix}$,求 $\boldsymbol{A}^{-1}$.

2. 设 $\boldsymbol{A}=\begin{bmatrix}1&2&-1&0&3\\2&-1&0&1&-1\\3&1&-1&1&2\\0&-5&2&1&-7\end{bmatrix}$,求 $R(\boldsymbol{A})$.

3. 已知矩阵$\begin{bmatrix}1&1&2&1&3\\2&a&1&2&6\\4&5&5&b&12\end{bmatrix}$的秩为 2,求 a、b 的值.

四、求解方程组$\begin{cases}2x+y-z+w=1\\3x-2y+z-3w=4\\x+4y-3z+5w=-2\end{cases}$.

五、设$\begin{cases}(1+\lambda)x_1+x_2+x_3=0\\x_1+(1+\lambda)x_2+x_3=3\\x_1+x_2+(1+\lambda)x_3=\lambda\end{cases}$,问 λ 为何值时,此方程组有唯一解、无解或有无穷多解?并在有无穷多解时,求其通解.

六、求向量组 $\boldsymbol{\alpha}_1=(1,1,2,3)$,$\boldsymbol{\alpha}_2=(1,-1,1,1)$,$\boldsymbol{\alpha}_3=(1,3,3,5)$,$\boldsymbol{\alpha}_4=(3,-1,4,5)$,$\boldsymbol{\alpha}_5=(-3,-1,-5,-7)$的秩及一个极大无关组,并将其余向量用极大无关组线性表出.

七、试讨论 a、b 为何值时,如下方程组

$$\begin{cases}x_1+x_2+x_3+x_4=0\\x_2+2x_3+2x_4=1\\-x_2+(a-3)x_3-2x_4=b\\3x_1+2x_2+x_3+ax_4=-1\end{cases}.$$

有唯一解?无解?无穷多解?当方程组有无穷多解时,求出它的全部解.

第4章

数学实验

人们常常把“MATLAB”直接翻译为“矩阵工作室”. 顾名思义,MATLAB 在矩阵分析方面的功能非常强大. 事实也的确如此. MATLAB 提供了大量的矩阵操作和分析函数,利用它们可以处理常见的线性代数计算问题. MATLAB 对系数矩阵也提供了较好的支持. 使用符号数学工具箱,可以处理符号矩阵和符号线性方程组方面的计算问题.

4.1 矩阵的基本操作

MATLAB 中基本的数据结构是二维矩阵. 二维矩阵可以方便地存储和访问大量数据. 每个矩阵的单元可以是数值类型、逻辑类型、字符或者其他任何的 MATLAB 数据结构. 无论是单个数据还是一组数据,MATLAB 均采用二维数据来存储. 对于一个数据,MATLAB 用 1×1 矩阵来表示;对于一组数据,MATLAB 用 $1\times n$ 矩阵来表示,其中 n 是这组数据的长度.

4.1.1 矩阵的建立

在 MATLAB 中逗号或空格用于分割某一行的元素,分号用于区分不同的行. 除了分号,在输入矩阵时,按“Enter”键也表示开始新的一行. 输入矩阵时,严格要求所有行有相同数量的列.

【例 4-1-1】 输入矩阵 $\mathbf{A}=\begin{bmatrix}1&2&3\\4&5&6\\7&8&9\end{bmatrix}$.

输入:

```
>> A=[1,2,3;4,5,6;7,8,9]
```

4.1.2 矩阵的四则运算

在 MATLAB 中,矩阵的基本运算可以像数值云端那样进行,也就是说,可以用运算符直接进行运算.

数组和矩阵的加减运算使用加号和减号,即"+"和"-".

矩阵相乘使用"*"运算符,如果只是将两个矩阵中相同元素的矩阵相乘,使用".*"运算符.

除法有左除和右除的区别,分别使用"\"和"/"运算符,右除运算速度要慢一些,而左除运算可以避免奇异矩阵的影响.另外,与"\"和"/"运算符相对应,也有".\"和"./"运算符,分别用于将两个矩阵中的对应元素相除.

【例 4-1-2】 若 $\boldsymbol{X}=\begin{bmatrix}1&3&5\\2&4&9\\2&7&4\end{bmatrix}$,$\boldsymbol{Y}=\begin{bmatrix}3&2&0\\2&1&5\\8&11&3\end{bmatrix}$,求 $\boldsymbol{X}+\boldsymbol{Y}$,$\boldsymbol{X}-\boldsymbol{Y}$,$\boldsymbol{X}*\boldsymbol{Y}$,$\boldsymbol{X}.*\boldsymbol{Y}$,$\boldsymbol{X}/\boldsymbol{Y}$,$\boldsymbol{X}\backslash\boldsymbol{Y}$,$\boldsymbol{X}./\boldsymbol{Y}$,$\boldsymbol{X}.\backslash\boldsymbol{Y}$.

输入:

```
>> X=[1,3,5;2,4,9;2,7,4];
>> Y=[3,2,0;2,1,5;8,11,3];
>> X+Y,X-Y,X*Y,X.*Y,X/Y,X\Y,X./Y,X.\Y
```

4.1.3 矩阵的行列式值及逆

在 MATLAB 中,用函数"det"实现求矩阵的行列式值,用函数"inv"实现求矩阵逆的运算.

【例 4-1-3】 若矩阵 $\boldsymbol{A}=\begin{bmatrix}1&2&3\\4&5&6\\7&8&9\end{bmatrix}$,求行列式 $|\boldsymbol{A}|$ 及逆矩阵 $\boldsymbol{A}^{-1}$.

输入:

```
>> A=[1,2,3;4,5,6;7,8,9]
>> D=det(A)
>> B=inv(A)
```

4.2 线性方程组的求解

4.2.1 恰定方程组的求解

恰定方程组是方程的个数与未知量的个数相同的方程组. 如果恰定方程组是非奇异的可使用语句“$A\backslash B$”求解.

【例 4-2-1】 若 $\boldsymbol{A}=\begin{bmatrix}1 & 3 & 7\\ -1 & 4 & 4\\ 1 & 10 & 18\end{bmatrix}$, $\boldsymbol{B}=\begin{bmatrix}5\\ 2\\ 12\end{bmatrix}$,求方程组 $\boldsymbol{AX}=\boldsymbol{B}$ 的解.

输入:

```
>> A=[1,3,7;-1,4,4;1,10,18];B=[5;2;12];
>> X=A\B
```

4.2.2 超定方程组的求解

超定方程组是方程的个数大于未知量个数的方程组. 当进行试验数据拟合时,经常会碰到解超定方程组的问题.

【例 4-2-2】 设有两组如下表所示的观测数据 t 和 y. 若希望采用 $y(t)=c_1+c_2e^{-t}$ 的模型来拟合这两组数据. 该方程中共有 6 个方程,6 个未知数,必须采用最小二乘法来拟合求解 c_1 和 c_2.

t	0.00	0.30	0.80	1.10	1.60	2.30
y	0.82	0.72	0.63	0.60	0.55	0.50

输入:

```
>> t=[0.00,0.30,0.80,1.10,1.60,2.30];y=[0.82,0.72,0.63,0.60,0.55,
0.50];
>>A(:,1)=ones(size(t));A(:,2)=exp(-t);
>> c=A\y
```

4.2.3 欠定方程组的求解

欠定方程组是方程组中的未知数的个数多于方程个数的问题. 这类方程组的解不是

唯一的. MATLAB 对于此类方程组将寻求一个基本解.

【例 4-2-3】 已知 $\boldsymbol{A}=\begin{bmatrix}1 & 1 & 0 & 0 & 1\\ 1 & 1 & -1 & 0 & 0\\ 0 & 0 & 1 & 1 & 1\end{bmatrix}$,$\boldsymbol{B}=\begin{bmatrix}1\\ 2\\ 3\end{bmatrix}$,求方程组 $\boldsymbol{AX}=\boldsymbol{B}$ 的通解.

输入:

```
>> A=[1,1,0,0,1;1,1,-1,0,0;0,0,1,1,1];B=[1;2;3];
>>format rat;
>> x=A\B;  %所得为方程组的一个特解
>> z=null(A,'r');%所得为方程组 AX=B 所对应的齐次方程组的通解,
```

所以方程组 $\boldsymbol{AX}=\boldsymbol{B}$ 的通解可表示为 $\boldsymbol{X}=\boldsymbol{x}+k\boldsymbol{z}$,其中 k 为任意常数.

总复习题 4

1. 令 $\boldsymbol{A}=[1,2,3]$,$\boldsymbol{B}=[3,1,4]$,$\boldsymbol{C}=[9,-1,4]$.

(1)求 $\boldsymbol{A}$ 与 $\boldsymbol{B}$ 的点乘积;(2)求 $\boldsymbol{B}$ 与 $\boldsymbol{C}$ 的叉乘积;(3)求 $\boldsymbol{A}$,$\boldsymbol{B}$ 和 $\boldsymbol{C}$ 的混合积.

2. 设 **A** 为 5 阶方阵,分别对 **A** 进行如下操作.

(1)求 **A** 的逆; (2)求 **A** 的行列式; (3)求 **A** 的秩.

3. 求方程组 $\begin{cases}12x_1-3x_2+3x_3=15\\ 18x_1-3x_2+x_3=15\\ -x_1+2x_2+x_3=6\end{cases}$ 的解.

习题参考答案

习题 1.1

1. (1)14； (2)-209； (3)10； (4)$-x^3-y^3$.

2. $x_1=2,x_2=1,x_3=3$.

3. $M_{23}=\begin{vmatrix} 1 & 0 & 3 \\ 3 & -1 & 6 \\ -1 & 3 & 1 \end{vmatrix}, A_{23}=-\begin{vmatrix} 1 & 0 & 3 \\ 3 & -1 & 6 \\ -1 & 3 & 1 \end{vmatrix}$.

4. -24.

5. (1)-3； (2)1； (3)24.

习题 1.2

1. (1)600； (2)4； (3)1； (4)-12.

2. 略.

3. (1)192； (2)192； (3)0； (4)9.

4. (1) $\prod_{i=1}^{n}(a_i d_i - b_i c_i)$； (2) $\prod_{1\leqslant j<i\leqslant n+1}(i-j)$； (3) $\frac{1}{2}[(x+a)^n+(x-a)^n]$.

习题 1.3

1. (1)$x_1=-1,x_2=3,x_3=-1$； (2)$x_1=1,x_2=2,x_3=2,x_4=-1$.

2. $ab+2b+1=4a$.

3. $f(x)=x^2-x+2$.

总复习题 1

一、选择题

1. A　2. D　3. D　4. D

二、填空题

1. 3　2. 24　3. $6x^2$　4. 12,15,18

三、计算题

1. (1)$\lambda^2-(a+d)\lambda+ad-bc$；　(2)$x^3-1+x$.

2. 5

3. $a_4x^4+a_3x^3+a_2x^2+a_1x+a_0$

4. $\lambda=0,2,3$

习题 2.2

1. $\boldsymbol{A}+\boldsymbol{B}=\begin{bmatrix}1&4&4&7\\4&0&5&4\\2&1&3&5\end{bmatrix}$，$2\boldsymbol{A}+3\boldsymbol{B}=\begin{bmatrix}2&10&9&17\\12&1&10&10\\4&-3&8&5\end{bmatrix}$

2. (1) $\begin{bmatrix}2&6&4\\1&3&2\\3&9&6\end{bmatrix}$；　(2)11；　(3) $\begin{bmatrix}23&28\\29&33\\15&14\end{bmatrix}$；　(4) $\begin{bmatrix}1&3&3\\0&1&3\\0&0&1\end{bmatrix}$；

(5)$\boldsymbol{x}_1^2+2\boldsymbol{x}_2^2+\boldsymbol{x}_3^2+4\boldsymbol{x}_1\boldsymbol{x}_3+6\boldsymbol{x}_2\boldsymbol{x}_3$

3. $\begin{bmatrix}-3&4&-9\\8&11&-16\end{bmatrix}$.

4. $\begin{bmatrix}-\frac{2}{3}&-2\\-2&\frac{4}{3}\end{bmatrix}$.

5. $\begin{bmatrix}-1&2&5\\4&1&3\end{bmatrix}$，$\begin{bmatrix}-1&2&5\\4&1&3\end{bmatrix}$.

6. $-80,36,-2,-270$.

习题 2.3

1. (1) $\begin{bmatrix} \cos\theta & \sin\theta \\ -\sin\theta & \cos\theta \end{bmatrix}$; (2) $\begin{bmatrix} 3 & 0 & 0 \\ 0 & 6 & 0 \\ 0 & 0 & 15 \end{bmatrix}$; (3) $\begin{bmatrix} 2 & -23 \\ 0 & 8 \end{bmatrix}$; (4) $9,9,\dfrac{8}{3}$.

2. $\begin{bmatrix} 27 & -16 & 6 \\ 8 & -5 & 2 \\ -5 & 3 & -1 \end{bmatrix}$.

3. $\begin{bmatrix} 0 & 3 & 3 \\ -1 & 2 & 3 \\ 1 & 1 & 0 \end{bmatrix}$.

习题 2.4

1. (1) $\boldsymbol{AB}=\begin{bmatrix} 1 & 2 & 0 & 0 & 0 \\ 0 & 1 & 0 & 0 & 0 \\ 2 & 1 & 3 & 2 & 3 \\ -2 & 0 & 2 & 3 & -1 \\ 4 & 2 & 2 & 1 & 3 \end{bmatrix}$; (2) $\boldsymbol{ABA}=\begin{bmatrix} a^3 & 2a^2 & 0 & 0 \\ 0 & a^3 & 0 & 0 \\ 0 & 0 & b^3 & 0 \\ 0 & 0 & -2b^2 & b^3 \end{bmatrix}$.

2. 设 $\boldsymbol{A}=[\boldsymbol{A}_1 \quad \boldsymbol{A}_2]$,由条件知 $\boldsymbol{A}_1\boldsymbol{C}+\boldsymbol{A}_2\boldsymbol{D}=\boldsymbol{E}_4$,解得 $\boldsymbol{A}_1=(\boldsymbol{E}_4-\boldsymbol{A}_2\boldsymbol{D})\boldsymbol{C}^{-1}$,$\boldsymbol{A}_2=\boldsymbol{O}$,取 $\boldsymbol{A}_2=\boldsymbol{O}$,有 $\boldsymbol{A}=[\boldsymbol{C}^{-1} \quad \boldsymbol{O}]$,从而知满足条件的矩阵有无穷多个.

3. $\boldsymbol{A}^{-1}=\begin{bmatrix} 3 & -5 & 0 & 0 & 0 \\ -1 & 2 & 0 & 0 & 0 \\ 0 & 0 & \frac{1}{4} & 0 & 0 \\ 0 & 0 & 0 & \frac{-5}{4} & -\frac{3}{4} \\ 0 & 0 & 0 & \frac{1}{2} & \frac{1}{2} \end{bmatrix}$.

4. 略.

习题 2.5

1. 利用$(\boldsymbol{A}^{-1})^{\mathrm{T}}=(\boldsymbol{A}^{\mathrm{T}})^{-1}=\boldsymbol{A}^{-1}$证明.

2. 利用矩阵乘法证明.

3. 利用可逆矩阵定义证明.

4. 设$\boldsymbol{A}=(a_{ij})_{n\times n}$，$\boldsymbol{A}^2=(c_{ij})_{n\times n}$，$c_{ii}=a_{i1}^2+a_{i2}^2+\cdots+a_{in}^2=0(i=1,2,\cdots,n)$，因为$a_{ij}$是实数，故$a_{ij}=0(i,j=1,2,\cdots,n)$.

5. 均利用对称阵和反对称阵的定义进行证明.

习题 2.6

1. (1) $\begin{bmatrix}-\frac{3}{85} & -\frac{7}{85} & \frac{28}{85}\\ -\frac{1}{5} & \frac{1}{5} & \frac{1}{5}\\ \frac{13}{85} & \frac{2}{85} & -\frac{8}{85}\end{bmatrix}$； (2) $\begin{bmatrix}9 & 5 & -1\\ -3 & -2 & 0\\ 2 & 0 & -1\end{bmatrix}$； (3) $\begin{bmatrix}1 & -a & 0 & 0\\ 0 & 1 & -a & 0\\ 0 & 0 & 1 & -a\\ 0 & 0 & 0 & 1\end{bmatrix}$；

(4) $\begin{bmatrix}\frac{1}{4} & \frac{1}{4} & \frac{1}{4} & \frac{1}{4}\\ \frac{1}{4} & \frac{1}{4} & -\frac{1}{4} & -\frac{1}{4}\\ \frac{1}{4} & -\frac{1}{4} & \frac{1}{4} & -\frac{1}{4}\\ \frac{1}{4} & -\frac{1}{4} & -\frac{1}{4} & \frac{1}{4}\end{bmatrix}$.

2. (1) $\boldsymbol{X}=\begin{bmatrix}3 & -2\\ -1 & 1\end{bmatrix}$； (2) $\boldsymbol{X}=\begin{bmatrix}5 & -2 & -2\\ 4 & -3 & -2\\ -2 & 2 & 3\end{bmatrix}$.

习题 2.7

1. (1)2； (2)3； (3)4； (4)3.

2. $R(\boldsymbol{A})=R(\boldsymbol{B})+R(\boldsymbol{C})$.

3. 证明：记 $\boldsymbol{B}=(b_1,b_2,\cdots,b_n)$，则 $\boldsymbol{AB}=\boldsymbol{A}(b_1,b_2,\cdots,b_n)=(0,0,\cdots,0)$，即：$\boldsymbol{A}b_i=0$ $(i=1,2,\cdots,n)$，上式表明 $\boldsymbol{B}$ 的列向量都是齐次线性方程 $\boldsymbol{Ax}=0$ 的解. 记 $\boldsymbol{Ax}=0$ 的解集的秩为 $R(\boldsymbol{s})$，知 $R(b_1,b_2,\cdots,b_n)\leqslant R(\boldsymbol{s})$，即 $R(\boldsymbol{B})\leqslant R(\boldsymbol{s})$. 而 $R(\boldsymbol{A})+R(\boldsymbol{s})=n$，从而 $R(\boldsymbol{A})+R(\boldsymbol{B})\leqslant n$.

4. 证明：(1) 当 $R(\boldsymbol{A})=n$ 时，$\boldsymbol{A}$ 为可逆阵，从而 $|\boldsymbol{A}|\neq 0$，由 $\boldsymbol{AA}^*=|\boldsymbol{A}|\boldsymbol{E}$ 知 $|\boldsymbol{A}^*|\neq 0$，从而 $R(\boldsymbol{A}^*)=n$；

(2) 当 $R(\boldsymbol{A})=n-1$ 时，$|\boldsymbol{A}|=0$，则 $\boldsymbol{AA}^*=|\boldsymbol{A}|\boldsymbol{E}=0$，此时 $R(\boldsymbol{A})+R(\boldsymbol{A}^*)\leqslant n$，又 $R(\boldsymbol{A})=n-1$，所以 $R(\boldsymbol{A}^*)\leqslant 1$. 而 $R(\boldsymbol{A})=n-1$，故 $\boldsymbol{A}$ 至少有一个 $n-1$ 阶子式不为零，即 $\boldsymbol{A}^*$ 中至少有一个元素不为零，故 $R(\boldsymbol{A}^*)\geqslant 1$. 综上 $R(\boldsymbol{A}^*)=1$.

(3) 当 $R(\boldsymbol{A})<n-1$ 时，$\boldsymbol{A}$ 的所有 $n-1$ 阶子式全为零，从而 $|\boldsymbol{A}^*|=0$，$R(\boldsymbol{A}^*)=0$.

习题 2.8

1. 设 x_n，y_n 分别表示该市在第 n 月使用该企业品牌产品的人数和不使用该企业品牌产品的人数. 则 $x_0=60\ 000$，$y_0=140\ 000$ 则

$$\begin{bmatrix} x_n \\ y_n \end{bmatrix}=\begin{bmatrix} 0.8 & 0.5 \\ 0.2 & 0.5 \end{bmatrix}\begin{bmatrix} x_{n-1} \\ y_{n-1} \end{bmatrix}$$

记 $\boldsymbol{A}=\begin{bmatrix} 0.8 & 0.5 \\ 0.2 & 0.5 \end{bmatrix}$，则 $\begin{bmatrix} x_n \\ y_n \end{bmatrix}=\boldsymbol{A}^n\begin{bmatrix} x_0 \\ y_0 \end{bmatrix}$

当 $n=3$ 时，有 $\begin{bmatrix} x_3 \\ y_3 \end{bmatrix}=\boldsymbol{A}^3\begin{bmatrix} x_0 \\ y_0 \end{bmatrix}=\begin{bmatrix} 0.8 & 0.5 \\ 0.2 & 0.5 \end{bmatrix}^3\begin{bmatrix} 60\ 000 \\ 140\ 000 \end{bmatrix}=\begin{bmatrix} 140\ 620 \\ 59\ 380 \end{bmatrix}$.

因此，3 个月后该企业的产品市场占有率为 $\dfrac{140\ 620}{140\ 620+59\ 380}=70.31\%$.

2. 矩阵 $\boldsymbol{A}$ 的逆矩阵易求，$\boldsymbol{A}^{-1}=\begin{bmatrix} 1 & 1 & 1 & 1 \\ 0 & 1 & -1 & -1 \\ 1 & 1 & 0 & 0 \\ 1 & 1 & 1 & 0 \end{bmatrix}$，发出去的密文为矩阵 $\boldsymbol{B}$，

$\boldsymbol{B}=\begin{bmatrix} -19 & 0 & 3 & -2 \\ 19 & -18 & 10 & 20 \\ 25 & 18 & -8 & -7 \\ -21 & 15 & 3 & 12 \end{bmatrix}$，用 $\boldsymbol{A}^{-1}$ 左乘 $\boldsymbol{B}$ 即得解密的明文：$\boldsymbol{A}^{-1}\boldsymbol{B}=\begin{bmatrix} 4 & 15 & 8 & 23 \\ 15 & 21 & 15 & 15 \\ 0 & 18 & 13 & 18 \\ 25 & 0 & 5 & 11 \end{bmatrix}$.

总复习题 2

一、填空题

1. $-\frac{1}{3}$. 2. 零. 3. $6^{99}\begin{bmatrix}1&1&1\\2&2&2\\3&3&3\end{bmatrix}$. 4. $\frac{1}{9},\frac{4}{9}$. 5. $-3,\begin{bmatrix}-1&-1&-1\\-1&-1&-1\\-1&-1&-1\end{bmatrix}$.

6. $\frac{1}{3}(\boldsymbol{A}+\boldsymbol{B}-\boldsymbol{E})$. 7. $n\times s$. 8. $36,\frac{1}{6}\boldsymbol{A},6\boldsymbol{A}$. 9. $\begin{bmatrix}1&0&0\\0&\frac{1}{2}&0\\0&0&\frac{1}{3}\end{bmatrix}$.

10. $\begin{bmatrix}0&0\\0&0\end{bmatrix},\begin{bmatrix}5&5\\-5&-5\end{bmatrix}$.

二、选择题

1. A 2. B 3. C 4. C 5. B 6. D 7. D

三、计算题

1. $x_1=3,x_2=1$.

2. $\boldsymbol{A}+\boldsymbol{B}=\begin{bmatrix}3&2\\8&6\\4&11\end{bmatrix},3\boldsymbol{A}-2\boldsymbol{B}=\begin{bmatrix}-1&-9\\-1&13\\12&13\end{bmatrix}$.

3. (1) $\begin{bmatrix}2&6&4\\1&3&2\\3&9&6\end{bmatrix}$; (2)11; (3) $\begin{bmatrix}5\\3\\8\end{bmatrix}$; (4) $\begin{bmatrix}2&8\\0&3\end{bmatrix}$; (5) $\begin{bmatrix}2&6&4\\1&3&2\\3&9&6\end{bmatrix}$;

(6) $\begin{bmatrix}2&6&4\\1&3&2\\3&9&6\end{bmatrix}$.

4. $3\boldsymbol{AB}-2\boldsymbol{A}=\begin{bmatrix}-2&13&22\\-2&-17&20\\4&14&-2\end{bmatrix}$; $\boldsymbol{A}^{\mathrm{T}}\boldsymbol{B}=\begin{bmatrix}0&5&8\\0&-5&6\\2&9&0\end{bmatrix}$.

5. $\boldsymbol{B}^{\mathrm{T}}\boldsymbol{A}=\begin{bmatrix}-4&9&5\\-6&12&8\\-4&8&6\end{bmatrix}$; $\boldsymbol{A}^{-1}=\frac{1}{2}\begin{bmatrix}0&1&1\\1&0&-1\\1&-1&0\end{bmatrix}$.

6. (1) $\boldsymbol{X}=\begin{bmatrix}2&1&0\\2&2&2\\-1&0&3\end{bmatrix}$；(2) $\boldsymbol{X}=\frac{1}{4}\begin{bmatrix}-2&1&6\\4&2&0\\4&4&4\end{bmatrix}$.

7. $\begin{bmatrix}x_1\\x_2\\x_3\end{bmatrix}=\begin{bmatrix}2\\-\frac{1}{2}\\\frac{1}{2}\end{bmatrix}$.

8. $-\frac{16}{27}$.

9. 由 $\boldsymbol{A}^2-3\boldsymbol{A}=7\boldsymbol{E}$ 得，$(\boldsymbol{A}-2\boldsymbol{E})(\boldsymbol{A}-\boldsymbol{E})=9\boldsymbol{E}$，$(\boldsymbol{A}-2\boldsymbol{E})\left[\frac{1}{9}(\boldsymbol{A}-\boldsymbol{E})\right]=\boldsymbol{E}$，所以 $\boldsymbol{A}-2\boldsymbol{E}$ 可逆，且 $(\boldsymbol{A}-2\boldsymbol{E})^{-1}=\frac{1}{9}(\boldsymbol{A}-\boldsymbol{E})$.

10. 当 $x=-2$ 时，$R(\boldsymbol{A})=2$；当 $x=1$ 时，$R(\boldsymbol{A})=1$；当 $x\neq1$ 且 $x\neq-2$ 时，$R(\boldsymbol{A})=3$.

习题 3.1

1. (1) $\begin{cases}x_1=-1,\\x_2=-2,\\x_3=2.\end{cases}$；　(2) $\begin{bmatrix}x_1\\x_2\\x_3\\x_4\end{bmatrix}=\begin{bmatrix}k+4\\k+3\\k\\-3\end{bmatrix}=k\begin{bmatrix}1\\1\\1\\0\end{bmatrix}+\begin{bmatrix}4\\3\\0\\-3\end{bmatrix}$ 其中 k 为任意常数；

(3) 原方程组无解；

(4) $\begin{bmatrix}x_1\\x_2\\x_3\\x_4\end{bmatrix}=\begin{bmatrix}k_1+k_2+2\\k_1\\2k_2+2\\k_2\end{bmatrix}=k_1\begin{bmatrix}1\\1\\0\\0\end{bmatrix}+k_2\begin{bmatrix}1\\0\\2\\1\end{bmatrix}+\begin{bmatrix}2\\0\\2\\0\end{bmatrix}$ 其中 k_1,k_2 为任意常数.

2. (1) 无非零解，只有零解.

(2) 有非零解，通解为：$\begin{bmatrix}x_1\\x_2\\x_3\\x_4\end{bmatrix}=k_1\begin{bmatrix}2\\-2\\1\\0\end{bmatrix}+k_2\begin{bmatrix}5\\-3\\0\\1\end{bmatrix}$ 其中 k_1,k_2 为任意常数.

3. (1) 当 $\lambda\neq0$ 且 $\lambda\neq-3$ 时，有唯一解；(2) 当 $\lambda=0$ 时，无解；(3) 当 $\lambda=-3$ 时，有无穷

多解，此时通解为：$\begin{bmatrix}x_1\\x_2\\x_3\end{bmatrix}=k\begin{bmatrix}1\\1\\1\end{bmatrix}+\begin{bmatrix}-1\\-2\\0\end{bmatrix}$ 其中 k 为任意常数.

习题 3.2

1.(1) $\begin{bmatrix}x_1\\x_2\\x_3\\x_4\end{bmatrix}=\begin{bmatrix}1\\0\\1\\0\end{bmatrix}+k_1\begin{bmatrix}1\\1\\0\\0\end{bmatrix}+k_2\begin{bmatrix}1\\0\\2\\1\end{bmatrix}$. 其中 k_1,k_2 为任意常数；

(2)原方程组无解.

2.(1)原方程组只有唯一的零解.

(2)原方程组有非零解. $\begin{bmatrix}x_1\\x_2\\x_3\\x_4\end{bmatrix}=k_1\begin{bmatrix}2\\-2\\1\\0\end{bmatrix}+k_2\begin{bmatrix}5\\-3\\0\\1\end{bmatrix}$. 其中 k_1,k_2 为任意常数.

3. 当 $\lambda\neq0$ 且 $\lambda\neq3$ 时，$R(\boldsymbol{A})=R(\boldsymbol{A}\,\vdots\,\boldsymbol{B})=3=n$，方程组有唯一解.

当 $\lambda=0$ 时，$R(\boldsymbol{A})=1$，$R(\boldsymbol{A}\,\vdots\,\boldsymbol{B})=2$，方程组无解.

当 $\lambda=-3$ 时，$R(\boldsymbol{A})=R(\boldsymbol{A}\,\vdots\,\boldsymbol{B})=2<3=n$，方程组有无穷多解，

当 $\lambda=-3$ 时，$\begin{bmatrix}x_1\\x_2\\x_3\end{bmatrix}=k\begin{bmatrix}1\\1\\1\end{bmatrix}+\begin{bmatrix}-3\\-2\\0\end{bmatrix}$ 其中 k 为任意常数.

习题 3.3

1.(1)0； (2)(−4,9,−5)； (3)$k\neq4$； (4)2 或−1； (5)$\lambda\neq-3$ 且 $\lambda\neq0$.

2. 证明略. $\boldsymbol{\beta}_1=\frac{1}{4}\boldsymbol{\alpha}_1+\frac{1}{2}\boldsymbol{\alpha}_2+\frac{1}{4}\boldsymbol{\alpha}_3$，是唯一的.

3.(1)线性相关； (2)线性无关.

习题 3.4

1.(1)2,$\{\boldsymbol{\alpha}_1,\boldsymbol{\alpha}_2\}$； (2)3.

2.(1)$\boldsymbol{\alpha}_1,\boldsymbol{\alpha}_2,\boldsymbol{\alpha}_3$ 为最大无关组,$\boldsymbol{\alpha}_4=2\boldsymbol{\alpha}_1+\boldsymbol{\alpha}_2-\boldsymbol{\alpha}_3$；

(2)$\boldsymbol{\alpha}_1,\boldsymbol{\alpha}_2,\boldsymbol{\alpha}_3$ 为最大无关组,$\boldsymbol{\alpha}_4=\boldsymbol{\alpha}_1+3\boldsymbol{\alpha}_2-\boldsymbol{\alpha}_3,\boldsymbol{\alpha}_5=-\boldsymbol{\alpha}_2+\boldsymbol{\alpha}_3$.

3.提示:可利用定理 3-4-5 证明.

习题 3.5

1.(1)0； (2)2； (3)$\boldsymbol{\alpha}_1=(0,1,1,0,0)^T,\boldsymbol{\alpha}_2=(-1,1,0,1,0)^T,\boldsymbol{\alpha}_3=(4,-5,0,0,1)^T$,3.

2.(1)提示:证明 $\boldsymbol{\alpha}_1,\boldsymbol{\alpha}_2,\boldsymbol{\alpha}_3$ 与 $\boldsymbol{\beta}_1,\boldsymbol{\beta}_2$ 等价；

(2)维数为 2..

3.证明略.$\boldsymbol{\beta}_1=2\boldsymbol{\alpha}_1+3\boldsymbol{\alpha}_2-\boldsymbol{\alpha}_3,\boldsymbol{\beta}_2=3\boldsymbol{\alpha}_1-3\boldsymbol{\alpha}_2-2\boldsymbol{\alpha}_3$.

习题 3.6

1.(1) $\begin{bmatrix}x_1\\x_2\\x_3\\x_4\end{bmatrix}=k_1\begin{bmatrix}-4\\ \frac{3}{4}\\1\\0\end{bmatrix}+k_2\begin{bmatrix}0\\ \frac{1}{4}\\0\\1\end{bmatrix}$,或 $\begin{bmatrix}x_1\\x_2\\x_3\\x_4\end{bmatrix}=k_1\begin{bmatrix}-16\\3\\4\\0\end{bmatrix}+k_2\begin{bmatrix}0\\1\\0\\4\end{bmatrix}$.其中 k_1、k_2 为任意常数；

(2) $\begin{bmatrix}x_1\\x_2\\x_3\\x_4\end{bmatrix}=k_1\begin{bmatrix}-\frac{2}{19}\\-\frac{14}{19}\\1\\0\end{bmatrix}+k_2\begin{bmatrix}\frac{1}{19}\\ \frac{17}{19}\\0\\1\end{bmatrix}$,或 $\begin{bmatrix}x_1\\x_2\\x_3\\x_4\end{bmatrix}=k_1\begin{bmatrix}-2\\-14\\19\\0\end{bmatrix}+k_2\begin{bmatrix}1\\17\\0\\19\end{bmatrix}$.其中 k_1、k_2 为任意常数.

2.(1) $\begin{bmatrix}x_1\\x_2\\x_3\\x_4\end{bmatrix}=k\begin{bmatrix}-1\\1\\1\\0\end{bmatrix}+\begin{bmatrix}-8\\13\\0\\2\end{bmatrix}$；(2) $\begin{bmatrix}x_1\\x_2\\x_3\\x_4\end{bmatrix}=k_1\begin{bmatrix}-\frac{9}{7}\\-\frac{1}{7}\\1\\0\end{bmatrix}+k_2\begin{bmatrix}\frac{1}{2}\\-\frac{1}{2}\\0\\1\end{bmatrix}+\begin{bmatrix}1\\-2\\0\\0\end{bmatrix}$ 或

$$\begin{bmatrix}x_1\\x_2\\x_3\\x_4\end{bmatrix}=k_1\begin{bmatrix}-9\\-1\\7\\0\end{bmatrix}+k_2\begin{bmatrix}1\\-1\\0\\2\end{bmatrix}+\begin{bmatrix}1\\-2\\0\\0\end{bmatrix}.$$其中 k_1、k_2 为任意常数.

习题 3.7

设 x_n，y_n 分别表示该市在第 n 年后工作适龄人口的就业率和失业率，则 $x_0=0.8$，$y_0=0.2$，现要求 x_3、y_3. 由题意知

$$\begin{cases}x_n=0.9x_{n-1}+0.6y_{n-1}\\y_n=0.1x_{n-1}+0.4y_{n-1}\end{cases}.$$

将 $x_0=0.8$，$y_0=0.2$ 代入上式，得 $x_1=0.84$，$y_1=0.16$，将 x_1，y_1 结果代入上式，有 $x_2=0.852$，$y_2=0.148$，再将 x_2，y_2 结果代入上式，有 $x_3=0.855\,6$，$y_3=0.144\,4$，故 3 年后该市工作适龄人口的失业率为 14.44%.

总复习题 3

一、填空题.

1. 把 $\boldsymbol{A}$ 的第 2 列乘以 3 加到第 3 列上去.

2. -2.

3. 无解.

4. -1.

5. $R(\boldsymbol{A})\leqslant m$.

6. 不能.

7. $\boldsymbol{\alpha}_1,\boldsymbol{\alpha}_2,\boldsymbol{\alpha}_4$.

8. 无穷多个，2.

二、选择题

1. A　2. A　3. A　4. B　5. A

三、

1. $\begin{bmatrix} 1 & -4 & -3 \\ 1 & -5 & -3 \\ -1 & 6 & 4 \end{bmatrix}$.　2. 2.

3. $a=3, b=4$.

四、$\begin{bmatrix} x \\ y \\ z \\ w \end{bmatrix} = k_1 \begin{bmatrix} \frac{1}{7} \\ \frac{5}{7} \\ 1 \\ 0 \end{bmatrix} + k_2 \begin{bmatrix} \frac{1}{7} \\ -\frac{9}{7} \\ 0 \\ 1 \end{bmatrix} + \begin{bmatrix} \frac{6}{7} \\ -\frac{5}{7} \\ 0 \\ 0 \end{bmatrix}$. k_1、k_2 为任意常数.

五、$\lambda \neq 0$ 且 $\lambda \neq -3$ 时，此方程组有唯一解；$\lambda = 0$ 时无解；$\lambda = -3$ 时有无穷多解. 通解为 $(x_1, x_2, x_3)^T = c(1,1,1)^T + (-1,-2,0)^T$.

六、秩是 2，$\{\boldsymbol{\alpha}_1, \boldsymbol{\alpha}_2\}$ 是一个极大无关组，$\boldsymbol{\alpha}_3 = 2\boldsymbol{\alpha}_1 - \boldsymbol{\alpha}_2$，$\boldsymbol{\alpha}_4 = \boldsymbol{\alpha}_1 + 2\boldsymbol{\alpha}_2$，$\boldsymbol{\alpha}_5 = -2\boldsymbol{\alpha}_1 - \boldsymbol{\alpha}_2$.

七、当 $a \neq 1$ 时有唯一解. 当 $a=1, b \neq -1$ 时无解. 当 $a=1, b=-1$ 时有无穷多解.

当方程组有无穷多解时，它的全部解为 $(x_1, x_2, x_3, x_4)^T = k_1(1,-2,1,0)^T + k_2(1,-2,0,1)^T + (-1,1,0,0)^T$，其中 k_1、k_2 为任意常数.

总复习题 4

根据前面所讲述的内容结合 MATLAB 中的 help 和 lookfor 命令上机完成.

参考文献

[1] 同济大学数学系.工程数学线性代数[M].6版.北京:高等教育出版社,2014.

[2] 钱椿林.线性代数[M].4版.北京:高等教育出版社,2014.

[3] 杜德生,郭广寒.经济应用数学基础线性代数[M].西安:西安交通大学出版社,2017.

[4] 陈水林.线性代数同步练习册[M].武汉:湖北科学技术出版社.

[5] 陈维新.线性代数[M].2版.北京:科学出版社,2016.

[6] 陈建华.线性代数[M].3版.北京:机械工业出版社,2011.